花と樹木と日本人

有岡利幸

八坂書房

まえがき

日本人がいつごろ大陸から渡来してきたのか不詳だが、文明らしき遺跡を残し始めた縄文時代には、衣食住という生活根幹の部分を、周囲にある多種多様な植物から求めていた。植物の中で大形のものが樹木であり、それぞれの樹木がもつ特徴を十分に知り尽くし、生活に必要な道具類を作成していることから発して日本文化は木の文化だといわれている。

わが国には実にたくさんの種類の樹木が生育しているが、本書では梅、桜、杉、松、柳、椿、楓、藤というわずか八種類の樹木を取り上げているにすぎない。しかしおおざっぱにいえば、わが国の人々と樹木との関わりの半分以上のボリュームを占めているのではなかろうかと考える。

梅は中国の長江中下流域を原産地とする樹木で、わが国に渡来してきたのは弥生時代の水田稲作文化セットの一つの要素として稲作技術に伴われたものであり、およそ二〇〇〇年という長年月にわたって人びとに親しまれており、日本の木の文化の一端を担っているといってもいいだろう。真冬に咲く凛とした花と馥郁《ふくいく》とした香りは、上代から日本人に親しまれてきた。そしてその果実は、加工され梅干しとなり、薬用、食用、食物の腐敗防止剤として、現在でもなお活躍している。

桜はまず水田稲作の農作業開始の時期に咲く花として認められ、その開花時期が作業開始の指標となっていた。またその花の美しさを人々は愛でてきた。そしてより美しい花を楽しもうと、中世から近世にかけて花の改良がおこなわれ、たくさんの品種が生まれた。しかし、現今では近世後期に生まれた染井吉野という品種が、日本全体に広がり、単調な桜景色を作り出しているとともに、人々もこの花の開花に同調した単純な花見行動をとるようになっている。

杉はわが国固有の樹木で、木材として広い利用価値をもっている。杉材の特徴のなかで、他の樹種に真似のできないものは、鋸《のこぎり》がなくても斧《おの》一つで、簡単に縦に薄く割ることができる点にある。つまり容易に板が作れる樹木である。杉板は直接的には、登呂遺跡の水田の畔《あぜ》の矢板や、飛鳥板葺宮のように屋根板として用いられた。さらに板を組み合わせた桶と樽が発明された。大容量の液体を貯蔵できる樽は醸造業の発達を促し、軽くて持ち運びが容易な肥え桶は京・大坂・江戸のし尿汲み取りに活躍し、世界的大都市のこの三都は極めて清潔な都市環境をつくりだしていた。

松は水田稲作の発展とともに、里山の重要な樹木となった。里人の里山に対する植生の収奪は、松にとっては生活環境の整備となり、いつしか松と里人とは一つの生態系ともいえるほど密接な関係を維持してきた。しかし、戦後の松くい虫（マツノザイセンチュウ病）の大被害で、ほとんど全滅してしまった。

柳ことにシダレヤナギの原産地は、中国長江の中下流域であり、私は水田稲作文化セットの一つとして渡来してきたと考えている。水田稲作に欠くことのできない水を確保するための農耕儀礼に種々用いられたと思われるが、昨今ではその痕跡もほとんど見られないようになっている。

椿の花は春の花の中では珍しくも真っ赤な花を咲かせる。上代には真っ赤な色は高貴な色とされ、上皇だけが身に着けることのできる色とされていた。記紀万葉時代には、つらつら椿ともてはやされたが、平安・鎌倉時代の文献にはまったく姿をみせないという不思議な花である。そして江戸時代のごく初期に、二代目将軍秀忠が椿好きであったので、大ブームが起き、数多くの品種が生まれた。

秋に紅葉する落葉広葉樹は数多いが、なかでも美しく紅葉するのがカエデである。紅葉はモミジと当初はいわれていたが、いつしか紅葉の美しいカエデとモミジが混同されるようになり、ついには同一視されることとなった。

考えてみると、日本人が花として愛でてきたものは、梅、桃、桜、藤、躑躅《つつじ》に代表されるように、ほとんど木の花であった。どうも日本人は樹木の花を美しいと感じる感性を持っているようである。そして高木の樹木の花を改良し、それぞれの樹種から、多種多様な品種を作り出したのである。

花と樹木と日本人

目次

第一章

東風吹かば

1　江戸の梅見と園芸

梅は稲作とともに渡来

暦の春は、立春からはじまる。

立春という時期は、いまだ雪が消え残り、時としていちめんの雪化粧となることも多い。万木が寒々とした冬姿のままのとき、花を開いて初春のきたことを告げ、馥郁《ふくいく》とした香をあたりいちめんに漂わせるものに梅の花がある。紅白の凛とした梅花は、古来から日本人が愛し、身近な場所で育み、見守り続けてきた花である。

梅は中国原産の樹木で、わが国へは弥生時代の幕開け期に、稲作に伴われてやってきた。梅の原産地と稲の栽培起源地とは、ほぼ同じ地域であり、大阪府八尾市の亀井遺跡から梅の自然木破片遺物が出土している。三世紀半ばの『魏志倭人伝』もわが国に生育している梅を記しており、今では稲作地域のどこでも、屋敷や畑のすみには見かけられるありふれた栽培植物となっている。

奈良時代には大伴旅人が「吾妹子が植えし梅の樹みるごとに……」（『万葉集』巻三・四五三）と詠むように、貴族たちも庭園に梅を植えている。梅を植えるのは大伴旅人だけでなく、中納言阿倍廣庭も他所から梅の若木を掘り取ってきて、庭に植えたことを詠った歌が巻八・一四二三に収められている。そして阿倍廣庭は、「我がやどの梅咲きたりと告げ遣らば来といふに似たり云々」（巻六・一〇一一）と、梅見に来いと誘いかけている。梅の木を庭に植え、その花をめでることが、奈良時代には流行していたとみられるのである。

『万葉集』では、萩に次いで多い一一七首という多数の梅花歌が詠まれている。その中には、大伴旅人が大宰府で開いた梅の花を詠う文芸パーティでの「梅花の歌三十二首」（巻五・八一五〜八四六）が大きな比重を占めていることはたしかである。その歌は梅に対する十分な知識と観察を根拠としており、詠み人も大和国・筑前国・筑後国・豊後国・大隅国・薩摩国・対馬国など西日本の広い範囲にわたる。

『万葉集』では、物の香（匂い）は三種類しか詠まれていない。その一つは梅の香で、治部大輔市原王の次の歌である。

梅の花香をかぐはしみ遠けれど心もしのに君をしぞおもふ（巻二十・四五〇〇）

他の二つの香は、松茸と橘であり、松茸は「みちさかりたる秋の芳《か》のよさ」（巻十・二二三三）と詠まれ、橘は「橘のにほへる香かも」（巻十七・三九一六）と詠まれている。

左近の梅

時移り、平安時代の王朝人たちも、長い冬の終わりと万物の蘇りの春を知らせる梅花に高い関心をもっており、梅の香をことのほか愛し、和歌に、物語にその香をもてはやした。

初めての勅撰和歌集である『古今和歌集』には、梅を詠んだ歌が二八首あり、そのうちの一七首が梅の香であり、ことのほか愛されていたことがわかる。

『古今和歌集』巻第一・春歌上に、月光に紛れて白い梅の花が見えないのに、枝を折ってくれと頼まれた凡河内躬恒《おおしこうちみつね》が、香をたずねてこれが梅の木だと知ることを詠んだ歌がある。また紀貫之が長谷寺（奈良県桜井市初瀬）に参詣したとき、久しぶりに宿泊した宿の人に示した歌も名高い。

月夜に「梅の花を折りて」と、人のいひければ、折るとてよめる　みつね

月夜にはそれとも見えず梅の花香をたづねて知るべかりける（四〇）

初瀬にまうずるごとに、やどりける人の家に、久しくやどらで、程へて後にいたりければ、かの家のあるじ「かくさだかになんやどりはある」と、言ひだして侍りければ、そこにたてりける梅の花を折りてよめる　つらゆき

人はいさ心も知らずふるさとは花ぞ昔の香ぞにほひける（四二）

貫之は、御主人の心はどうか知らないが、梅花はむかしのままの香を放って、久しぶりに訪れた私を

迎えてくれていると、出迎えた主人を皮肉ったのである。

『源氏物語』初音の巻には、春告げ花の梅の花の香りが、御殿いっぱいに吹き込んできた様子を「春の殿《おとど》の御前、とり分きて、梅《むめ》の香も御簾《みす》の内の匂ひに吹き紛ひて、生ける仏の御国とおぼゆ」と描写している。『源氏物語』は五六帖もあるがその四分の一の帖に梅が描写されており、梅枝《うめがえ》と紅梅という巻もある。

『枕草子』「木の花は」の段に、「濃きも薄きも、紅梅」と記し、素朴な白梅よりは華美な紅梅を称え、当時の風潮を描写している。作者の清少納言は紅梅が好きであったが、現実には白梅も植えられており、「返る年の二月廿四日」の段には、御所の梅壺《むめつぼ》に植えられたものを「御前の梅《むめ》は、西は白く、東《ひんがし》は紅梅にて」と紅白両方ともあったことを記している。そして「にげなきもの」の段で、「歯もなき女の梅食ひて酸《す》がりたる」と、酸っぱい生梅の実をかじることを記している。梅の実を食べる、数少ない文献資料となっている。

学問の神様として知られている菅原道真も、梅を愛した一人である。道真は十一歳のときはじめて作った漢詩も「月夜ニ梅花ヲ見ル」と梅の題であり、『菅家後集』の掉尾の「謫居春雪」も梅を詠んだもの

馥郁とした香りをただよわせる白梅の花

で、梅を愛すること首尾一貫していた。道真の官位昇進はめざましく、学者出身でははじめての右大臣に昇進したとき、讒訴《ざんそ》され大宰府帥《だざいふそち》に左遷された。京を出発するとき、愛していた庭の梅に『拾遺和歌集』巻十六・雑春に収録されている歌を詠んだ。

ながされ侍りける時家の梅の花をみて

東風ふかばにほひおこせよ梅の花あるじなしとて春をわするな（一〇〇六）

道真を祭神として祀る天満宮は、このことから梅と深く結びついている。

『古今和歌集』に収録されている歌で、桜と梅を比較すると桜の歌数が断然多いことと、御所の紫宸《ししん》殿《でん》前に植えられている左近の梅が桜に変わったことで、春の花の嗜好が桜にぐらりと変わったとよく言われる。左近とは、紫宸殿に出御された天皇からみて左側で、左近衛府の官人が儀式のとき列した。南向きの紫宸殿階下の東方にあたる。

左近の梅は、平安遷都の延暦十三年（七九四）から、天徳四年（九六〇）におこった内裏の火事で焼けるまで、一六六年間も存続しており、嵯峨天皇や仁明天皇などが公卿たちと花宴を楽しまれている。余

菅原道真像（秋月等観、室町時代、東京国立博物館）

談だが、現在の皇居正殿も平安初期の左近の梅・右近の橘がかたどられ、その紅白の梅は大木に育っているという。

平安時代の終わりごろには、梅の名木と称されるものを自分の庭園に植えることがステータスとなっていた。歌聖の一人とされる藤原定家は老年になってぐんぐんと地位が上がった。京極に新しい邸宅を築造し、淡紅梅・白梅などを植えていることが、『明月記』に記されている。

松竹梅

鎌倉時代に渡来してきた禅宗の僧たちは、梅花の咲くことを自らの悟りの境地に喩えた。禅者の間には、悟った境地あるいは悟りに至る境地を、わずかな言葉で表現する禅語なるものがあり、梅に関する禅語も多い。

東風《とうふう》吹き散ず梅梢《ばいしょう》の雪
一夜挽回《ばんかい》する天下の春　（円機活法）

梅花が咲く直前に、雪が梢まで積もる寒さが到来することがある。雪はやがて氷とかわり、寒い冬がずっと続く。春はいつ来るのかと思っていると、一夜のうちに暖かな春風が吹き、雪や氷を解かし、枝に一輪の花をみる。努力を続けていると、何らかの機縁で悟りの境地がやってくることを、禅僧たちは梅花から知るのである。禅僧たちは、梅花が養う精気を、そして霜や雪にもくじけることなく花を開く節操を好んだ。

禅僧たちはまた、墨の黒一色で、梅花の白さと気品を表現する墨《ぼく》梅図《ばいず》を描き始めた。墨梅図は水墨画の一種で、水墨によって描かれた花木図であり、やがてこれに鳥が取り入れられいわゆる花鳥図へと成長していくのである。花咲く梅を表現した墨梅図は、はじめは仏教の祖（同時に禅の祖）である釈迦図の左右に置かれ、祖先師を荘厳《しょうごん》する絵画で、宗教的なものの表現手段であった。

やがて画僧たちによって、山水図へと変化していった。梅の描かれている山水図は、禅僧である画家たちが理想としている住居を現したもので、背後は梅林や松林となっている。

室町時代となり建築様式が書院造りへと変わった。京都の銀閣寺（慈照寺）の東求堂《とうぐうどう》に当時の面影が伝えられているように、床の間や違い棚などの構造をもち、畳を敷き詰めた座敷を出現させた。座敷の部屋を飾る手段として、瓶に花を挿して飾りとする立花《たてばな》が始まり、初春の花を立てるとき真の花（つまり中心となるべき花）には梅花が用

「竹河」（『源氏物語絵巻』徳川美術館）

いられはじめた。

瓶に花を美しく挿すことを具体的に述べた書の『仙伝書』がつくられ、当時活躍した池坊専応に伝えられた。池坊では「専ら祝言に用う」べき花として、松と竹と梅を花材の最上位に位置づけ、梅に目出度さが加わった。この三種の植物の取り合わせを松竹梅といい、目出度いものの代表として今日まで続いている。

梅の花の絵は、平安時代の寝殿造りの間仕切りなどに使われた屛風に描かれたのが始まりである。紀貫之の歌集『貫之集』第一には延喜十六年（九一六）に天皇から斎院の屛風に描かれた絵画を詠むように仰せ付けられた時の歌の詞書に、「（略）人家に女どもの庭にいでて梅花をみ（略）」と記されている。

現存する『源氏物語絵巻』は平安時代後期の十二世紀前半のころ制作されており、第四四帖「竹河」のところに、花いっぱいの梅の若木が描かれている。この絵巻のほかの絵巻物にも梅は、たくさん描かれた。

戦国時代のただ中では、絵画のなかの梅樹（花）は巨大な姿で、寺院や邸内の襖を飾るようになった。京都の聚光院に狩野永徳が描いた『梅に水禽図』の梅樹は、襖四面に枝をひろげ、地面近くの幹は一抱えはありそうなほど太く、

梅に水禽図（狩野永徳、聚光院）

あふれるばかりの生命感を横溢させている。これにより、早春にたくさんの花をつけた梅樹が、装飾画のテーマとなったのである。

江戸時代初期の十八世紀初頭には、尾形光琳が水の流れの両側に紅白二株の花をつけた梅樹紅白梅の屏風絵『紅白梅樹図』を描いた。日本絵画の最高傑作と称されるものである。光琳など琳派の人たちは、雅でゆかしい香の梅花を、画家の個性のままに数多く、絵画、焼き物、着物などに描き続けた。野々村仁清の『色絵梅花図平水指』（十七世紀）は、筒形の平水指に紅梅が鮮やかに描かれている。浮世絵にも梅はたくさん見ることができる。江戸時代中期の浮世絵（錦絵）師の鈴木春信描く『二月 水辺梅』は、裕福な町屋の庭からはみ出した梅の枝を折る若い男女を描いている。

植物学者の北村四郎は花鳥画六八九点をしらべた結果、梅花が一一三件と最も描かれており、現在の人々がもてはやしている桜花は六〇件で梅花のほぼ半数であると、『園芸植物大事典 一』（小学館一九八八年）の「梅」の項で述べている。

和歌にも俳句にも、梅の花を詠んだものは多い。

神垣に匂ひし花の名残して青葉の梅のなつかしき哉　横山桂子

色絵梅花図平水指（石川県立美術館）

月かほる梅のはやしにわけいりていづれの枝の花を折りまし　三子
さく梅の花に光をゆづりおき月は梢にかすむよはかな　滝原宋閑
行先も又ゆくさきも梅の花老いのあゆみにあまる下みち　吉村静軒
梅一輪一輪ほどの暖かさ　嵐雪
梅が香にのっと日の出る山路かな　芭蕉
しら梅に明る夜ばかりとなりにけり　蕪村
白梅や老子無心の旅に住む　金子兜太
盆梅に花を満たせて農夫富む　山本草魚

ここまでは専ら梅の花の美しさや、その花が漂わせる香の良さについて述べてきたが、その果実は食用として、そして薬用としても重要な農産物である。中国原産の梅が弥生時代にはすでに日本に渡来してきたのは、その果実を薫《ふす》べて酸を濃縮した烏梅《うばい》を作り、それを用いる薬用であったと推定している。

もう一つ日本人なら誰でも知っている梅干しがある。野菜類を漬物にする技術を梅の果実にも利用して、生梅に塩を加え、圧力をかけて塩漬けにし、それを一旦天日にさらして発酵させた梅干である。梅干は一〇〇年間という長年月間常温で保存しても、まったく変質しない超長期保存食品で、他の食物の腐敗を防止し、それ自体も薬として重宝された。梅干は日本人の重要発明品である。中国には梅干はない。

江戸の梅見

慶長八年（一六〇三）二月、徳川家康は征夷大将軍に任ぜられ、江戸に幕府を開いた。初代の家康、二代目の秀忠、三代目の家光という連続した三代の将軍はそろって花好きであった。そのため配下の大名や旗本たちも、屋敷の庭にむく花木の園芸を展開させた。梅を好むものは梅を植え、菊を好むものは菊を取り入れていた。二代将軍の秀忠が椿を好んだので、大名や旗本がこれに追随、俗に慶長の椿といわれるほどの椿園芸のブームがおこった。梅には椿のようなブームが起こることはなかった。

江戸時代のごく初期の慶長年間（一五九六～一六一四）には、町人も庭の片隅に梅などのとりどりの花を植えて楽しみ、江戸はさながら花の都となっていた。大名たちは下屋敷や別業《べつぎょう》といわれる別荘には花木を植え、楽しみのための庭園を造築したので、植木屋の需要が増えた。

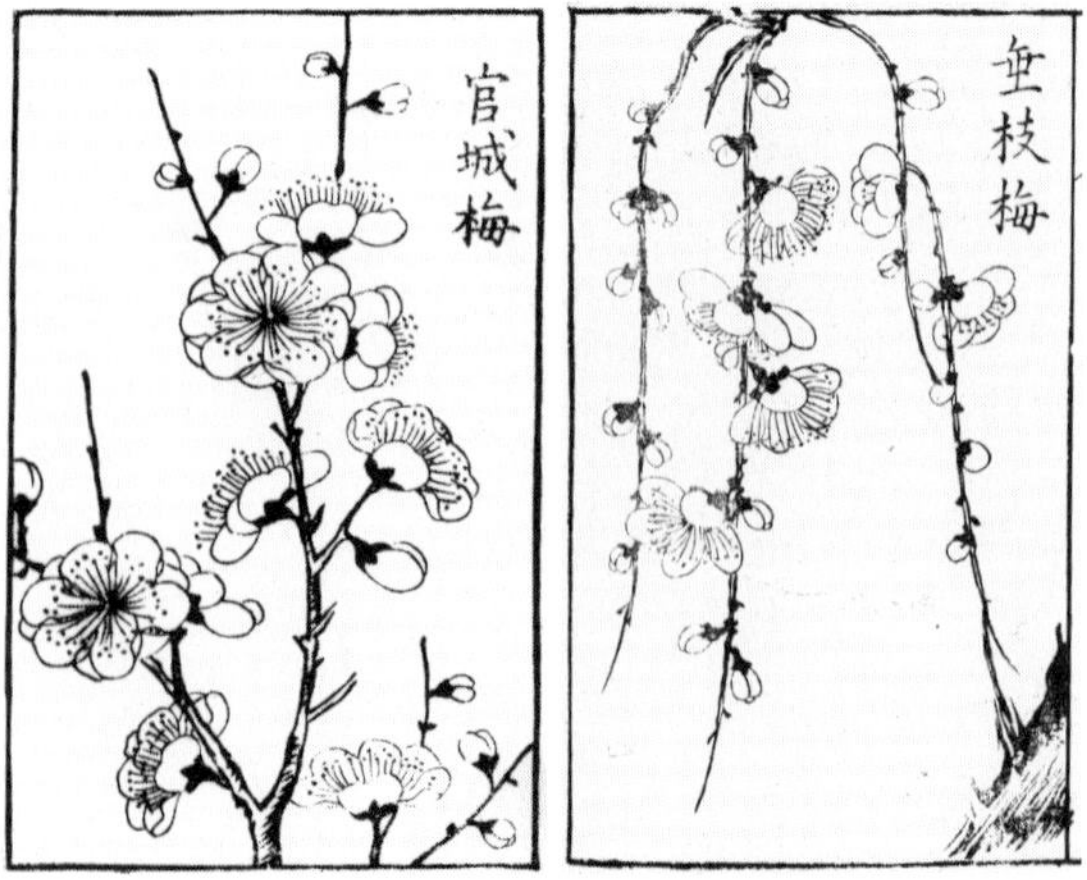

左：八重咲きの梅　右：しだれ梅
（松岡玄達『怡顔斎梅品』宝暦10年）

農家が副業的に花木や庭木を栽培していた江戸北郊の染井村（現在の豊島区）は需要の増大で大きく発

展し、植木屋が集中し江戸の園芸センターとなった。染井村の代表的な植木屋の伊藤三之丞は、元禄八年（一六九五）に自家の商品カタログともいえる『花壇地錦抄』を著わした。このなかに梅の品種として、源氏、白梅、紅梅、しだれ梅、鶯宿梅、八重紅梅など四九種を掲げており、注文があればすぐに出荷できる体制が整えられていた。

春の到来とともに江戸の人びとが遊覧する場所の第一番目は、梅の名所の亀戸《かめいど》（江東区）の梅屋敷であった。臥竜梅《がりょうばい》という幹が竜が横たわる姿で、枝は地面について根を出してそれが一株の梅の木になり、つぎつぎと株が増え梅林となっている。

梅屋敷はこの臥竜梅という名木をメインとした梅ばかりの屋敷であった。梅の開花期には、大勢の人が訪れ、花を眺めるだけの人、漢詩を賦す人、和歌を詠む人、俳句を吟じる人などがあり、この梅樹の花・香・樹姿を褒め称えたという。

さらには亀戸天満宮境内、御嶽社（江東区）、新梅屋敷といわれた百花園（江東区、現在の向島百花園）、駒込鰻縄手（文京区）、宇米茶屋（港区）、蒲

梅屋敷の臥竜梅（『三十六花撰』
喜斎立祥〔二代歌川広重〕）

田村（大田区）、杉田村（横浜市緑区）などであった。

江戸時代後期の文化文政期（一八〇四〜三〇）には、江戸は上方とならぶ全国経済の中心地に発展し、多数の都市住民を対象とする町人文化が最盛期を迎えた。このころの江戸の人びとは経済的な余裕もでき、遠近《おちこち》の名所を訪ねあるく人も増えた。名所などを遊覧する人たちの手引きとされたのが『遊歴雑記』（文化十一年刊）、『江戸砂子』（享保十七年刊）、『東都歳時記』（天保九年刊）などの紀行文や案内書である。それらには、神社や寺への参詣の合間に、風物を愛で、梅の名所にも立ち寄るようにと、見所と道順が丁寧に示されていた。

梅花の観賞は、盆梅とよばれる鉢もの、庭園の庭梅、広く集団的に栽培される梅園や梅林などで行なわれる。梅の美しさの観賞は花だけでなく、屈折した枝、古び

蒲田村の観梅（『東都歳事記』天保9年）

た樹幹、雅致のある根張りなど、個々の樹姿を賞する点にある。集団で咲き誇る花の艶麗さ、優美さをみる桜花とは違って、梅には一株ずつの花を含めた清楚さや清淡が求められていた。花の下で酌み交わす酒も静かなもので、桜の花見の喧騒さ、猥雑さはなかった。

梅のあった著名な大名屋敷として白河藩別業の浴恩園（中央区）、水戸藩下屋敷の後楽園（文京区）などがある。浴恩園では園主の老中松平定信が、この園に植えられている梅・桃・桜・蓮の名花を画家の谷文晁に写生させ、自分で説明文をつけた図鑑を作成している。梅花の写生図は二巻あり、種類は一五〇余種にのぼる。園は惜しくも焼失した。

明治維新になり、梅花や桜花、牡丹、蓮、その他美しい花が咲く草木を庭園に植え、自らも愛で楽しむと同時に、招いた人に見せびらかす余裕をもっていた大名や、旗本などが没落した。新政府も当初は園芸に関心をほとんど払わなかった。

時を経て、後楽園、新宿御苑などかつて大名がもっていた名園を、国や東京府が取得して公園とし、梅や桜などの花木を植えたので、現在の人びとはむかしの大名たちの栄華をしのびながら、春の花を観賞できるようになった。

鎌倉・貞宗寺の紅梅と白梅

江戸の大名屋敷・浴恩園に植えられていた梅の品種
（『浴恩春秋両園梅桃双花譜』〔松平定信編／谷文晁原画の「梅花譜」より図を選び、明治期に転写したもの〕国立国会図書館）

『源氏物語』の「梅枝」の場面
（土佐光吉『源氏物語絵色紙帖』桃山時代、京都国立博物館）

江戸の園芸と梅花

わが国の人びとは、高木となる花木の改良にすぐれており、まず椿と桜にたくさんの品種が作られた。寛文五年（一六六五）著・延宝九年（一六八一）刊の水野勝元著『花壇項目』は、花壇用の花の種類を次のように掲げている。

牡丹の変種　四一品　芍薬の変種　三二品　椿　六六品
梅　五三品　桃　八品　桜　四〇品
躑躅《つつじ》　一四七品

梅の花の開発・改良がいつごろ始まったのか不詳であるが、江戸時代が始まって六二年後には、梅は五三種類もの品種が出来上がっていた。徳川初期三代の将軍の花好きから始まった花卉文化が町人にまで浸透したのが元禄期（一九八八〜一七〇三）で、そのころから梅の改良が行なわれるようになり、昭和三十六年（一九六二）刊の上原敬二著『樹木大図説』（有明書房）は、梅の品種三六六種を掲げている。花の色で分類すると、白色系のもの一七〇種、紅色系のもの八一種、淡紅色系のもの一一五種となる。明治初期までの江戸時代には、およそ三〇〇種が作り出されたとされるが、誰の手によるものかわかっていない。世間では名の知られていない、植木屋や好事家が作り手であった。元禄期には花卉の同好団体が多く生まれ、江戸郊外の染井村には植木や庭造りなどを専門とする地域ができたが、これらの植木屋の果たした役割も大きなものがあった。

梅花の新種作出には、花弁の大きさの極大化、花色の多様化、斑入りの葉、枝垂れ性などの園芸上の美しさや珍しさを追求し、実に素晴らしいものが生み出された。

花弁の大きさでは極大輪は花径四センチ以上、極小は一・五センチ以下のものが生み出された。花色では、純白、青白色、紅色、朱紅色、濃紅色、紫紅色、黄色など豊富な色彩のものや、蕾のうちは白だが開花すると紅色になるもの（移り紅）、蕾のうちは紅色だが開花すると白色となるもの（移り白）、一本の木で紅白の花をつける咲分け等の品種が生み出された。

以上は専ら花を観賞する種類だが、果実を収穫することを目的としたいわゆる実梅《みうめ》にも、果実の直径が五センチという豊後梅から直径一センチという甲州小梅まで、大きさのほうも変化に富んでいる。

現在でこそ花木の改良は、人間の手によって雌蕊に花粉を受粉させる人工交配という方法がとられているが、江戸時代の人びとは交配によって両親とは違った種類の子孫が生まれるという考えはまったく

枝垂れ性の梅

白梅

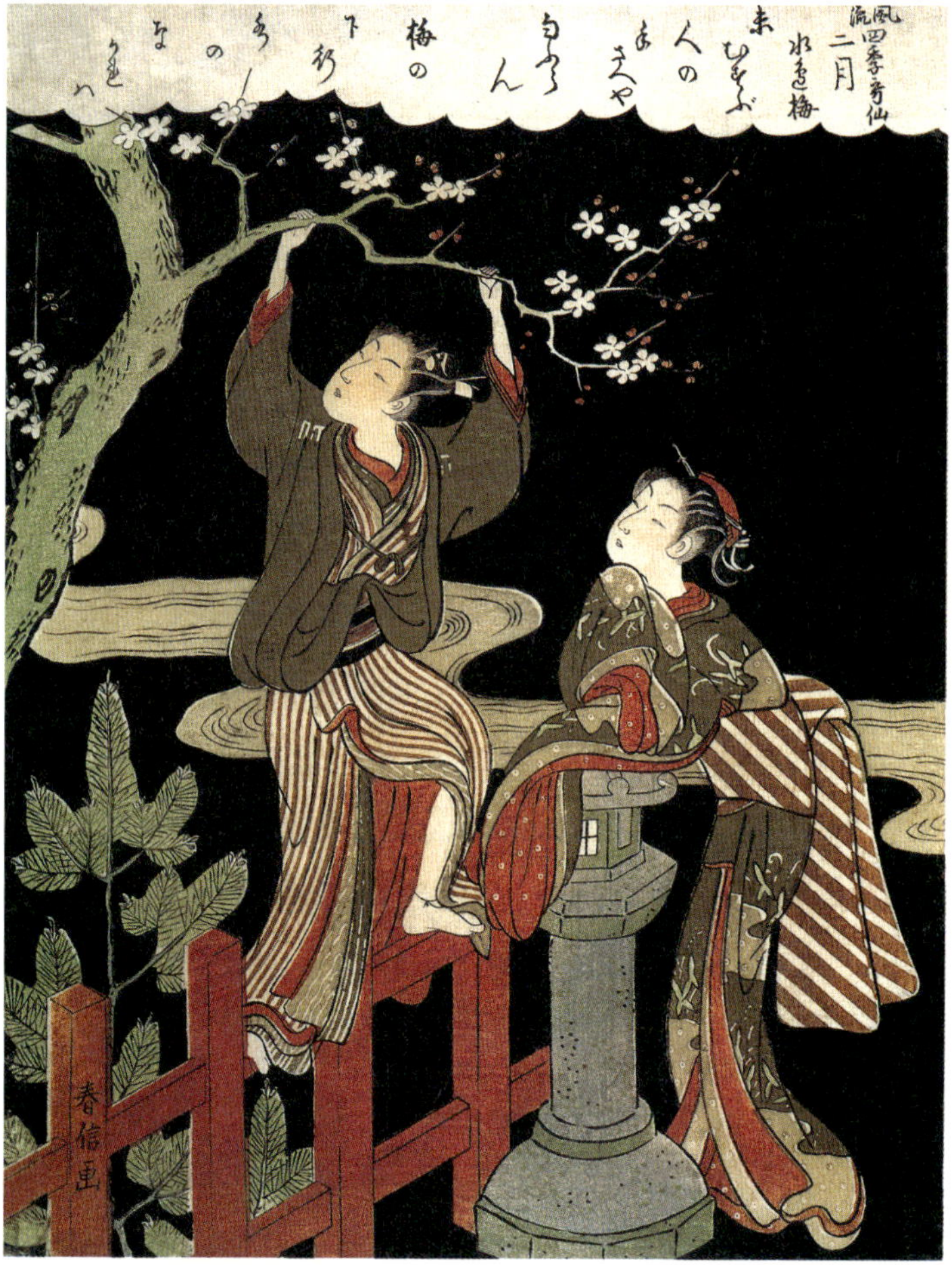

鈴木春信『風流四季哥仙 二月 水辺梅』

野々村仁清『色絵月梅図茶壺』
（江戸前期、東京国立博物館）

もっていなかった。あくまでも多数の親木を観察し、少しでも違ったものを探し出して、その増殖をはかるという、経験と観察と直感を頼りに、変わったもの、優れたものを選び出すという手法が採られていた。

2　京の都に香る梅花

新しい年のはじまりとなるお正月には、めでたい松竹梅が飾られる。この三種の植物から、日本の原風景がみえてくる。すなわち、山の松、背戸の竹、そして里の梅（屋敷周りや畑の片隅）で、かつては全国各地でみられた風景である。

日本人は松、竹、梅という組み合わせを、むかしからめでたいものとして慶事に用いてきた。日頃見慣れてはいるが、生活に密着した大切なものなので、三つの植物を組み合わせ、永続を願ったものである。中国の「歳寒の三友」（冬の寒さに耐える松・竹・梅の三種の植物をいう）という思想も、幾分かは寄与している。

古来から好まれた梅花の香

松竹梅はおめでたさを象徴しており、組み合わせのひとつである梅は立春のころ万木《よろずのき》に先駆けて、可憐だが凛とした力強い花を開く。また梅の花は、春告げ花とも花の兄ともいわれ、その馥郁とした香《かおり》は古来から日本人に好まれた。

梅は弥生時代に水田稲作とともに、水田稲作発祥の地である中国の長江中下流域から渡来してきた。

梅の自生地は、稲作起源地とオーバーラップしている。

天平二年（七三〇）、太宰帥の大伴旅人が大和から派遣されている官人たちや九州の豊後・筑前・筑後・薩摩国などの高級官僚を招いて、帥宅で梅花を詠う大パーティを開き、具体的に梅の生態や、梅をめぐる遊びなどについて和歌を詠んだ。その時の和歌三二首が、『万葉集』巻五に収められている。

『万葉集』巻二十には、梅花の香がはじめて市原王の歌に登場する。

梅の花香をかぐはしみ遠けれど心もしのに君をしぞおもふ（四五〇〇）

歌の意は、梅の花の良い香をかぎながら、遠く離れたところにいるあなたのことをしみじみとした心で想っています、である。

『万葉集』で香（芳）が詠われているものは、梅花と橘と松茸の三種で、歌も三首だけである。万物の生気がよみがえる春は里に咲く梅花の香、豊かな稔の秋には山からただよってくる松茸の芳《かおり》、そして一年を通じて匂う香は「時じくの香《かぐ》の木の実」といわれる橘《たちばな》であった。しかし、橘の生育地は暖かな地方に限定されたので、その香りをかぐ人も限られていた。

『万葉集』を編集した人たちは、この三種の植物の香をもっとも宜しいとしたのであるが、総体として花の香は不確かなものなので、ほとんど気にとめることはなかった。なお『万葉集』には、「咲く花のにほふがごとく」という表現があるが、これは「咲く花のにぎわい」という意味でつかわれ、花の香が匂ってくるということではない。

さて時移り、雅やかな宮都平安京の王朝人たちも、梅花の香をことのほか愛し、物語に、和歌に、梅花の香をもてはやした。「香の時代」の始まりである。

『和漢朗詠集』巻上・春・春夜には、凡河内躬恒《おおしこうちみつね》の、闇夜に香ってくる梅の香を詠んだ和歌がある。

春の夜のやみはあやなしむめの花いろこそみえね香やはかくるる（二八）

歌の意味は、春の夜の闇がすることはどうも筋がとおらない。梅の花の色も闇に隠されてみえないのに、香は隠れることなく匂ってくるではないか、というのである。

花の色や形、花の咲いた風情を愛でるよりも、その香を求めることがより高尚な雅であると考えられた。それを示すものに梅の折枝《おりえだ》がある。折枝とは雅やかな樹木の枝を折りとったもので、消息《しょうそこ》（手紙のこと）や贈物を相手に届けるときに、美しく調和のとれた料紙で包むか添えるかして用いられた。

王朝人が折枝に用いた樹木は、小松茂美が王朝文学を調べた「平安時代における消息と折枝一覧表」（『手紙の歴史』岩波新書）によると、折枝の使用例七〇例のうちでは松が最も多くて一三例、ついで梅の九例、以下柳（五例）、桜（五例）、すすき（四例）、藤（三例）、山吹（三例）、空木、菊、しきみ、呉竹（以上二例）等となっている。折枝として用いられている植物は一九種にのぼり、樹木が一四種で草本類はわずか五種である。王朝人の植物に対する関心は、草花よりも樹木に高いことが示されており、興味深い。

松が折枝として用いられたのは冬であり、霜や雪のある酷寒でもみずみずしい緑の葉を保ちつづけており、真っ白な雪と松の緑の葉は美しく調和がとれていたのである。梅の花の折枝も冬の季節に使われ、寒い季節に凛とした花を開き、さらに馥郁とした香を発して、冬ごもりの王朝人の心を和ませ、豊かにしてくれたのである。冬の季節には、いい香りをもたらせる花は、梅以外にはなかった。

『枕草子』には、梅と紅梅の折枝の登場する場面が描かれている。

頭の弁の御もとより、絵などのやうなる物を、白き色紙に包みて、梅《むめ》の花いみじう咲きたるにつけて、もて来たり。（「二月官の司に」の段）

返りごとに、いみじう赤き薄様《うすやう》に「みずからもて詣で来ぬ下部は、いと冷談なりとなむ見ゆめる」とて、めでたき紅梅に付けて奉りたる（略）（「二月官の司に」の段）

『古今和歌集』巻第一・春歌上には、「梅の花を折りて」のちに詠んだ和歌がいくつか収められている。人に贈るものであったり、自らの頭髪に飾り（髪挿《かざし》）とするものであった。

題しらず　　　　　よみ人しらず

折りつれば袖こそにほへ梅の花ありとやここに鶯の鳴く（五二）

むめの花をりてよめる　　　東三条の左のおほいまうちぎみ

鶯の笠にぬふてふ梅の花折りてかざさむ老いがくるやと（五六）

梅の花を折りて人におくりける　　とものり

きみならで誰にか見せん梅の花色をも香をも知る人ぞ知る

初めの歌は、梅の花を折ったから、袖は匂うけれども梅の花なんかありはしないのに、鶯は梅の花がここにあると鳴きさえずる、という意である。二つ目は、鶯の笠に縫い上げるという話の梅の花を、折り取って頭髪に挿したならば、老いたさまが見えなくなるかしら、の意である。終わりは、あなたでなくていったい誰にみせようか、この梅の花の色にも香にも精通しているあなた以外には、という意である。

これらの和歌から、花と蕾ある梅の枝が、そうしてその枝から匂って来る香が雅なものと評価されていたことがわかる。

日本の香《こう》の原点は梅の香

『源氏物語』初音の巻は、冒頭にうららかな元旦を迎えた都の様子を描写する。そして「春のおとどの御前、とりわきて、梅の香も、御簾《みす》のうちの匂ひに吹きまがひて、生ける仏の御国とおぼゆ」と、寝殿造の庭の梅樹から風が吹き寄せる梅花の香《かおり》は、室内の御簾のなかで焚かれる薫物《たきもの》の香《かおり》と区別もつかないほどで、あたかもこの世にいながらの浄土（極楽）と思われると、雅やかな香に包まれた王朝人の住居の一端を記述している。

前に触れた『古今和歌集』の歌のように、王朝時代では「香《かおり》」と、のちに香を合成した「香《こう》」という薫物《たきもの》に精通していることが、宮廷人の教養であった。

『源氏物語』に出てくる花の香は、とくに「梅の香」と「橘の香」の二つが目立つが、ほかに榊葉の香、紫苑《しをに》の香、蘭《らに》（フジバカマのこと）の香などがあった。梅花の香については、ほとんど枚挙にいとまもないほど登場してくるが、なかでも光源氏が梅の枝を手にして、紫上《むらさきのうえ》に見せる場面が若菜上の巻にみえる。

「花といはば、かくこそ、匂《にほ》はまほしけれな。桜に移してば、又、ちりばかりも、心分《わ》くるかた、なくやあらまし」

など、のたまふ。

「花というならば、このくらい、いい匂いがしてほしいものだね」といって、桜の花に香がないことを悔しがっている場面である。

王朝人にとって「花の香」といえば、梅の花の香のことで、梅の花と香とは切り離すことができないものであった。『源氏物語』では、花とは桜花のことをさす場合もあるが、「花の香」「花の枝」「花の色香」などはもちろん「梅の花」をさしていることが多い。

『源氏物語』といえば、わが国の香《こう》の最初の文献である。そこには、梅花《ばいか》、荷葉《かよう》、侍従《じじゅう》、黒方《くろほう》と名付けられた四種の薫物《たきもの》から、春夏秋冬という四季それぞれの季節の気分を感じ取っていたことが記されている。当時は六種《むくさ》の薫物といわれ、この四種以外に菊花《きっか》と落葉《おちば》よばれる薫物があった。

梅花は、梅の花の香に似せたもので、春に用いる。黒方は、もっとも普遍的な薫りをもつもので、冬の香である。侍従は、秋の風の感じがする秋の香である。荷葉は、蓮の香をなぞらえたもので、清涼感があり、夏の香である。

梅枝の巻では、光源氏の調合した侍従、朝顔の調合した黒方、紫の上の調合した梅花、花散里の調合した荷葉を、それぞれ薫じてその匂いの良さを比べる薫物競べが行なわれ、蛍兵部卿宮が優劣を判定する判者となっている。蛍宮は各人それぞれが気持ちをこめて調合した匂いの深さ浅さ、つまり優劣をつけるため嗅ぎくらべ、紫の上の梅花には、「はなやかに、今めかしう」と、陽気に晴れやかで、今ふうの新しい感じがすると一旦は評をつけ、さらに今は初春の梅の季節なので、この風に漂わせるには、「これ（梅花）にまさる匂ひあらじ」と褒めあげたのである。

『源氏物語』は、平和で心にゆとりが生まれ、文化を楽しむ時代に生み出されたものであり、花の美しさを愛でることもさることながら、花の香に人々の関心が深まりはじめた時代のことが描写されたのである。それ以前の日本にはどんな香があったのかといえば、それは当然、山の草木の香、海の潮の香であった。海から遠く離れた京の王朝人には、潮の香を親しむ機会はなかったであろう。

都のある京都盆地の生活舞台の三方は山に囲まれ、日常的に草木と接してきた森林《もり》の民だといってよかろう。また稲などの植物を主体とした食文化をもつため、かすかで、そしてほのかな草木の香を心地よい匂いだと感じる。梅花の香には、とくに最高の心地よさを覚えるのである。同じ植物の香といっても、肉食を主体とする欧米食文化圏の、動物性の臭いを薄めることを目的とした強烈なバラなどの匂いを宜しとする文化とは、質を異にしている。日本人にとって香の原点は、かすかでどこからともなく漂ってくる梅花の香にあるのだ。

第二章

絶えて桜のなかりせば

1　日本人が愛する桜花小史

飛鳥・奈良期の桜

桜はいつごろから日本人にとって身近な存在だったのだろう。

『日本書紀』（講談社学術文庫）巻第二・神代下には、天から日向の高千穂の峰に降り立った瓊瓊杵尊《ににぎのみこと》が、良い国を求めて吾田《あた》国の長屋の笠狭崎《かささのみさき》に到着したとき、美人の鹿葦津姫《かしつひめ》またの名を木花開耶姫《このはなさくやひめ》という美女と出会ったとある。山田孝雄は『櫻史』（講談社学術文庫）のなかで「木花もまた汎《あまね》く樹木の花を言う語」といったんはしながら、「木花櫻花なりしこと信ずべきに似たり」と、古語では木花は桜花であるという。山田説に同調する人が多い。

一方『古事記』（岩波文庫　一九六三年）上つ巻・「木花《このはな》の佐久夜毘売《さくやひめ》」のくだりでは、父神の大山津見神が「木花の佐久夜毘売を使はさば、木の花の栄ゆるが如く栄えまさむ」と言ったと記す。父神の大山津見神は、山の草木や獣を司る神であることからいって、木花佐久夜毘売の本性は、山々に茂る木々の花が咲き栄えることにある。また『日本書紀』巻第二・「葦原中国の平定」の一書（第三）では、木花開耶姫の本名である神吾田鹿葦津姫《かむあたかしつひめ》は、卜定田《うらへた》の稲で酒を造り、沼田の稲で飯を炊いてお供えしたとあり、田や稲に関わる神の一人だといえよう。

木花とは、稲作を始める時期を知らせる山の花のことだと考える。この時期に咲く花は、辛夷《こぶし》、辛夷の仲間のタムシバ、山桜、躑躅《つつじ》等があり、『万葉集』には躑躅の花と桜の花を同格に詠った歌がある。そんなところから、木花開耶姫の「木花」を桜花に限定することはできない。

山桜の花が文献上初めて登場するのは『日本書紀』巻第十二「履中《りちゅう》天皇」のくだりである。履中三年（四〇二）冬十一月六日、天皇は磐余《いわれ》の市磯池《いちしのいけ》で妃と舟遊びしていると、桜の花びらが盃に散った。天皇は怪しまれて物部長真胆連《もののべのながまいのむらじ》に「探してこい」と、命じられた。長真胆連は、腋上《わきのかみ》の室山で花を手に入れ、天皇に奉った。天皇は喜ばれ、宮を磐余稚桜宮《いわれわかさのみや》とされ、長真胆連は稚桜部造《わかさくらべのみやつこ》と姓を改めさせられた。この記事は、旧暦の十一月なので、時ならぬ狂い咲きの桜花であったのだろう。あるいは十一月と四月に二度咲く冬桜《ふゆざくら》という種類もあるが、狂い咲きの桜とするのが妥当だろうか。

『万葉集』には題をふくめて四三首の桜の歌があり、山野に生育している桜花を詠ったものが多

富士山神札に描かれた木花開耶姫

いが、天香久山、龍田山、高圓山《たかまど》、三笠山、佐紀山《さき》など平城京周辺の、いわゆる里山に咲いているものが詠まれている。

桜は日当たりのよいところを好む陽樹で、原生林をつくる樹木ではない。桜は人が森林を伐採したり、台風や山火事で森林が破壊された場所を修復するために入り込んでくる松や櫟《くぬぎ》、小楢《こなら》、令法《りょうぼ》、躑躅《つつじ》等とともに二次林を構成している樹木である。そして桜は「移ろう」と言われ、二次林のなかで老齢となって枯れても、その場所に子孫が成長することはなく、他の場所に移動する。里山に見事な山桜の群落を見つけても、二〇〜三〇年は観賞できるが、子供や孫の代には数が減り、みすぼらしくなってやがて衰退し、桜山は絶えていくのである。

平城京の東にある高圓山は、麓に聖武天皇の離宮や万葉歌人の大伴上郎女の別宅があるなど人里に接した山で、秋萩や松茸の生える松林の二次林が生育していた。

春雉《きぎす》鳴く高圓の辺にさくら散りて流らふ見む人もがも（巻十・一八六六）

春日なる三笠の山に月の出でぬかも佐紀山に咲ける桜の花見ゆべく（巻十・一八六七）

里山に咲く桜であったが人々はわが家でも賞でたいものと考え、屋敷内に植えるようになった。『万葉集』巻十八には天平二十年（七四八）三月一五日に、大伴家持が家に植えてある桜の蕾が膨らんできたので、すぐにも咲きそうなので見に来るようにという歌がある。

吾背子が古き垣内《かきつ》の桜花いまだ含《ふふ》めり一目見に来ね（四〇七七）

奈良時代までは桜の花を観賞したが、花が散ることに感慨を覚えること、あるいは桜花とは散るときが美しいと考えることはほとんどなかった。

和歌に詠まれた桜

都が平安京へと遷ってからほぼ一〇〇年経ったころには、和歌に対する関心が高まり、知的な趣向性を核として優雅でこまやかな麗しさをもつ歌風が出来上がり、最初の勅撰和歌集の『古今和歌集』（延喜五年〔九〇五〕成る）が生まれた。『古今和歌集』は巻一・春歌上と巻二・春歌下の二つの巻に、桜花が開花するところから散り果てるまでの経過を順次収録している。

桜花が咲き始めた時の歌である。

人の家にうえけり桜の、花さきはじめたりけるをみてよめる　　つらゆき

ことしより春知りそむる桜花ちるという事はならはざらん（四九）

花盛りの時の歌である。

花ざかりに京《きょう》を見やりてよめる　　素性法師

見わたせば柳桜をこきまぜて宮こぞ春の錦なりける（五六）

桜花が散り始めてから、花吹雪となって散ることを詠った歌は、歌番六五から歌番八九までの二五首ある。

題知らず　読人しらず

残りなくちるぞめでたき桜花有りて
世の中はての憂《う》ければ（七一）

桜の花のちるをよめる　きのとものり

久方《ひさかた》のひかりのどけき春の日に
しず心なく花のちるらむ（八四）

歌番七一のように「残りなくちるぞめでたき桜花」と、花びらの一つも残すことなく、きれいさっぱりと散ってしまうのが桜花の素晴らしいところだ、と評価している。

宮中の紫宸殿《ししんでん》の前庭には、左近の桜・右近の橘といわれる前栽がある。右左は、内側からみてのものである。左近の桜は、平安京に遷都されたときは梅樹であったが、天徳四年（九四〇）に内裏が火事になったとき焼失した。その後内裏が再建されたとき、桜樹が植えられた。この桜樹もたびたび焼失し、そのたびに植え替えられた。いつのころ植えられたのか判らないが、『古今著聞集』巻十九・草木に藤原（冷泉）定家がこの桜樹の枝を折り取ったことが記されている。そしてこの桜樹が八重桜であったこ

御所紫宸殿の左近の桜

とが、これにより判明する。

定家はその枝を自分の邸に持ち帰り、接ぎ木して増殖したいと考えていたのである。定家が折り取ったことを天皇が聞かれ、女房伯耆に歌で問いただすよう下問された。

なき名ぞとのちにとがむな八重桜うつさんやどのかくれじもせじ

返し

くるとあくと君につかふる九重ややえさく花のかげにしぞ思ふ

伯耆の歌は、なき名ぞと（枝がないなどと）のちになってとがめるなよ八重桜、枝を移す宿は定家の邸であることは隠れもないのだからという意味である。一方の定家からの返しは、くる日もあくる日も天皇（君）に仕えている九重（禁中）で八重に咲く花の影を思ってのことですという意味である。九重で八重に咲く桜と韻を踏んでいる。

九重と八重桜と韻を踏んだ有名な和歌が『詞花和歌集』に収められている。

一条院の御時ならの八重桜を人の奉りけるを、其の折御前に侍りければ

その花を題にして歌よめとおほせことありければ　伊勢大輔

古の奈良の都の八重桜けふ九重ににほひぬるかな（二九）

歌の意味は、現在では古い都といわれる奈良から到来した八重桜が、いま九重（内裏）に美しく咲き

誇っていますよ、である。なおここで「奈良の都の八重桜」と詠われた桜は、現在では「ナラノヤエザクラ」と標準和名でよばれ、東大寺知足院《ちそく》に生育しているものは天然記念物に指定されている。

宮中の年中行事にはならなかったが、平安時代にはしばしば行なわれたものに花宴《はなのえん》がある。この場合の花とは、桜花のことで、この時代以降で花といえば即ち桜花をさした。宮中の花宴は天皇から発せられるものであるが、要するに花見のことである。離宮や公卿・大夫《だいぶ》の家々にも、桜樹を多く植えていた。最も名高いものに藤原良房邸の染殿《そめどの》の桜があった。邸宅の桜だけでなく、この時代の貴族たちは桜狩《さくらがり》と称して、平安京内だけでなく、北山の辺り、水無瀬《みなせ》、交野《かたの》、東山などに出かけていた。一日桜のもとで遊び、夕暮れになってから帰還するというパターンであった。桜狩のとき詠まれた歌で、よく知られたものに『新古今和歌集』巻第二・春歌下に収められた藤原俊成が、交野で遊んだときの桜花が雪のように乱れ散る神秘的にさえ思える情景を詠んだものがある。

平安時代の花宴（『寝覚物語絵巻』部分、大和文華館）

またやみむ交野のみ野のさくらがり花の雪散る春のあけぼの（一一四）

交野は現在の大阪府枚方市や交野市のあたりのことで、ここには朝廷の馬の牧場があった。また桓武天皇の母親が住まわれていた邸宅もあり、天皇の行幸や貴族たちが桜狩や野遊びによく出かけていた。京の御所から日帰りの桜狩は難しい距離であり、一泊したのであろうか。

交野の桜が詠まれている歌で名高いものに、すこし時代はさかのぼるが、交野の渚の院で詠まれた『古今和歌集』に収録されている在原業平のつぎの歌がある。

渚の院にて桜をみてよめる

世の中にたえてさくらのなかりせば春の心はのどけからまし（五三）

この歌の解釈についてはいろいろと論があるが、一般的には、世の中に桜という桜がまったくなかったならば、春を楽しむ人の心はどんなにかのどかなものであろうものを……と解釈されている。

武士と桜

武士は平安時代の終わりころに生まれてきたのであるが、武ばった無骨者とみられがちであるが、棟梁となる人には教養を積んだ人たちがいる。前九年の役で東北において安倍貞任と戦った武将の源義家が、陸奥の国へ戦に赴くとき勿来《なこそ》の関で山桜を詠った歌が勅撰和歌集の『千載和歌集』に収められている。

吉野山の桜

桜の品種「普賢象」と「桐谷」
（坂本浩然『桜花譜』江戸後期、国立国会図書館）

貴族の観桜（上）と武家・僧侶の花見の宴（下）
（『月次風俗図屏風』部分、室町時代、東京国立博物館）

陸奥国《みちのく》にまいりける時、勿来の関にて花の散りければよめる

吹く風をなこその関と思へども道もせに散る山ざくらかな（一〇三）

勿来とは「来るな」という意味であり、歌は来るなという地名のところであるにも関わらず、風が吹き付けてきて道が狭く感じられるほどに山桜花を吹き散らしている、というのである。この歌によって勿来の地が山桜花の名所となったのである。

平安末期には平清盛を筆頭に栄華をきわめた平氏も末期症状となり『平家物語』は、寿永（一一八二〜八四）の今は秋の紅葉のように平氏の人には都から落ちていくと述べる。都落ちする平家の武将の平忠度《ただのり》は、勅撰和歌集の撰者藤原俊成《しゅんぜい》に日頃詠んでいた和歌百首を託した。のち『千載和歌集』が撰集されたとき、忠度は勅勘《ちょっかん》（天皇からのとがめ）をうけていたので名も苗字も顕すことができないので詠み人知らずとして、桜花の和歌が収められた。

故郷ノ花といへる心をよみ侍りける　　読人しらず

さざ波や志賀の都は荒れにしをむかしながらの山さくらかな（春歌上・六六）

さざ波が打ち寄せる近江国の志賀の都（天智天皇の近江大津宮）は、すでに荒れ果ててしまっているが、山桜だけは昔ながらの美しい花を咲かせている、というのが歌の意味である。

その忠度は西の手の大将軍であったが、ただ一騎で西に落ちているとき、武蔵国の岡部六彌太が追っ

てきて格闘となり、その末首を取られた。忠度の兜《かぶと》の箙《えびら》には歌が付けられていた。

旅宿の花

行きくれて木《こ》の下影《したかげ》を宿とせば花やこよひの主《あるじ》ならまし

花見にでかけて見事さに桜木の下で野宿することになってしまったが、今宵の宿の主は桜花である、というのが歌の意味である。

平氏が滅び、源頼朝が鎌倉に幕府を開き、武士による政治が始まった。鎌倉の地は桜樹がたくさん生育している地であった。『吾妻鑑《あずまかがみ》』には、鎌倉将軍が「桜花を歴覧し給う」「烟霞《えんか》の眺望、桜花の艶色、興あり感ありと云々」「桜花を御覧の為也」などと、鎌倉にある諸寺を巡って桜花を賞でている。

後醍醐天皇と桜

鎌倉時代の終わりごろ、二度の蒙古襲来で鎌倉幕府に衰えが見え始めた。そこを狙って後醍醐天皇は討幕計画を進めたが失敗し囚われ、隠岐の島に流されることになった。三月八日に都を出た後醍醐天皇一行と護送する鎌倉武士が、播磨の山道に差し掛かった時のことを、『増鏡』第一六「久米のさら山」は次のように描写している。

いと高き山の峰に、花おもしろく咲きつづきて、白雲をわけてゆく心ちするも艶《えん》なるに、宮この

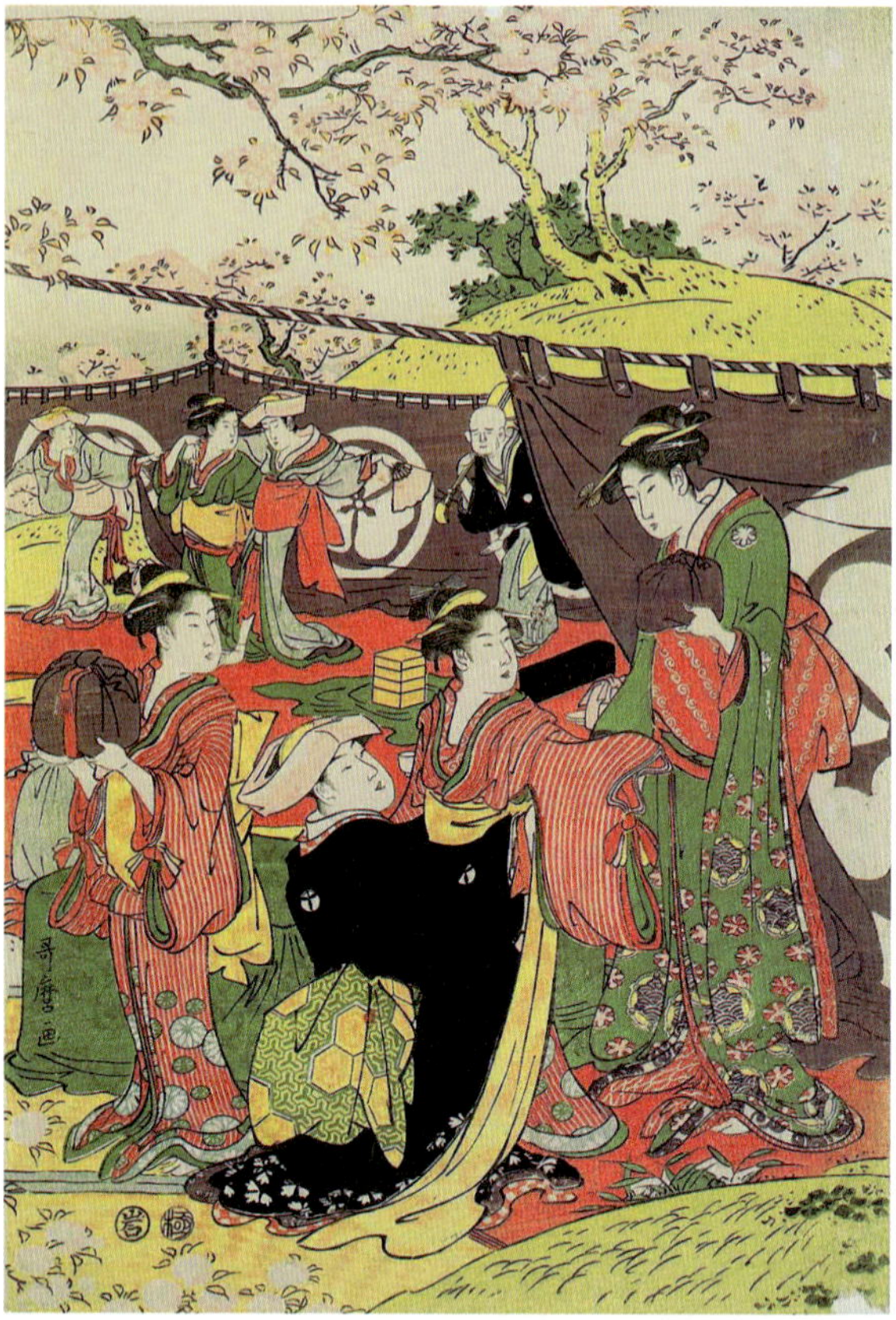

遊女たちの花見
（喜多川歌麿『岡の宴』〔三枚続の一枚〕 ボストン美術館）

桜の品種「普賢象」

江戸湾を望む花の名所御殿山
（歌川広重『東都名所　御殿山花見』〔三枚続の一枚〕 天保年間、国立国会図書館）

事かずかず思出《おぼしい》でらる。

花はなをうき世もわかず咲きにけり宮こも今や盛りなるらむ

あと見ゆる道の栞《しおり》の桜花この山人のなさけをぞ知る

後醍醐天皇御製のはじめの歌は、桜花は浮世のことをわけ隔てせず咲き誇っており、都ではさだめし桜花は盛りであろうなぁ、という意味である。つぎの歌は、細い山道には桜花の散り敷いた上に人の歩いた跡があって、あたかも道しるべの栞になっており、道に迷いがちな自分たちにとっては山人の情け（案内）をつくづくと知るという意味である。

護送者の鎌倉武士は、天皇の奪還をおそれ街道からはずれた細い山道をたどったのだ。

『太平記』巻四の「備前國住人児島三郎高徳主上を奪い奉る事」には、美作国院庄に到着された天皇の宿舎に忍び込み、庭の桜樹を削って「天勾践《こうせん》を空《むな》しゅうすること漠《なか》れ、時に范蠡《はんれい》無きにしも非《あら》ず」という一〇字の詩を書付、天皇に味方するものの存在をお知らせし、希望をもつようにと無言で伝えたのである。

この詩の勾践とは、中国の春秋時代の越王のことで、父王のころから呉と争い、父の没後に呉王闔閭《こうりょ》を破り死去させたものの、前四九四年に闔閭の子夫差《ふさ》と会滑山の戦いで夫差に囚われ、ようやく赦されて越に帰った。勾践はこのときの恥をすすごうと考え、熊の胆をときどき嘗めて報復を忘れまいとした。

そして忠臣の范蠡の助けを得て呉王夫差に復讐したのである。この会稽の戦いの前に呉王夫差は父王の仇を報じようと志し、つねに薪の中に伏して身を苦しめていた。

この呉越のふたりの王の行動から、将来の成功を期して長い間辛苦艱難することを意味する臥薪嘗《がしんしょう》胆《たん》との言葉が生まれた。児島高徳は、中国の故事から天皇に、今は流されていますが、范蠡のような忠臣がいますよと、書き記したのである。なお余談ながら勾践を助けた范蠡は、平和になると功臣は粛清されることを知っていたので、官を退いて野に下り、陶の地に住み朱と称して巨万の富を築き、陶朱公と称された。

隠岐国（隠岐島）に流された後醍醐天皇は、正慶二年（一三三三）に島を脱出して伯耆《ほうき》国（現鳥取県西部）で名和長年に頼り、旗をあげた。鎌倉幕府軍が攻めてきたが、そのなかの大将の一人であった足利高氏（のちに尊氏となる）が天皇方に寝帰り、やがて鎌倉幕府は滅びた。

後醍醐天皇は新政を始めたが、国内各地に戦乱が続いた。建武二年（一三三五）足利尊氏が天皇に反旗をひるがえした。建武三年、後醍醐天皇は大和国の吉野山に走り、京都と吉野山にそれぞれ天皇がいる「一天両帝、南北京」が生まれた。これから南北朝時代とよばれる時代区分の時代が続くことになる。

大和国の吉野山は世に知られた桜の名所である。後醍醐天皇の朝廷で三人の名臣の一人とよばれた北畠親房は、後醍醐天皇を桜花に擬して次のような歌を詠んでいる。この歌は『新葉集』巻第二・春歌下に収録されている。

題しらず

いかにして老いの心をなぐさめんたえて桜の咲かぬ世ならば（一二五）

歌の意は、どうすれば老いていく心を慰めることができようか、ぷっつりと桜の花が咲かないようになったこの世ではと、後醍醐天皇の新政策が実らない世の中になってしまったので、補佐してきた私の心は老いていきどうなぐさめていけばよいであろうかと、心境を詠ったものである。後醍醐天皇は、京の都に帰ることもなく、桜で囲まれた吉野山の行宮《あんぐう》で崩御された。

桜花は東日本が主流の花

「花は盛りに、月は隈《くま》なきを、見るものかは、雨に対《むか》ひて月を恋い、垂れこめて春の行衛《ゆくえ》知らぬも、なほ、あはれに情け深し」と、兼好法師は『徒然草』第一三七段でいう。桜花は真っ盛りに咲いているものだけを、月は雲いとつなく照り輝いているものだけを賞玩するものであろうかと、いうのである。若干へそ曲がりであった兼好法師は、このあと、咲いてしまった桜木の梢も、桜花が散ってしおれ残っている庭などこそ、見どころの多いものだという。

鎌倉時代は異常気象の出現した時代で、寛喜二年（一二三〇）には夏と秋が寒冷で諸国では六月に雪が降り、七月に霜があり、八月には風水害で穀物がたいそう損じ、草木が冬のようにしおれあるいは枯れた。さらには冬は一転、温暖となって筍《たけのこ》が生え、麦が黄色く熟した。また蟬や蜩《ひぐらし》などは歳末になっても鳴きやまなかった。藤原定家の『明月記』の同年十一月二十一日の条には「草木ノ体《てい》、今年多ク非常違例《いれい》ノ事有リ。尤モ怖ルベキ事カ。桜ノ木多ク花開ク。筍《たかうな》ノ生フル、人之ヲ食スト云々」とある。

定家は桜も好きだったようで、御所紫宸殿前のいわゆる左近の桜を接ぎ木しようと、枝を切り持ち帰ったこともあった。山桜よりも里桜のぼってりと華麗な八重桜が好みであった。『明月記』には「西庭ノ八重桜ヲ栽ウ《う》（寛喜二年正月二十五日）」とか、「八重桜（継木）開キ始ム（貞永二年二月一日）」などが記されている。

桜花は物語や和歌にたくさん登場するので、人びとは京の都を中心とした地域が桜の郷土《ごうど》であるかのように思いがちであるが、あにはからんや桜の郷土は近畿地方より東の太平洋沿岸地方であると考えられる。近畿地方に桜花がたくさんあるようにみられるのは、都が京にあるため著名な歌集などの文芸作品などがたくさん残されているためである。

数多くの桜花の歌を収録している『夫木《ふぼく》和歌抄』から、そのあたりのことを覗いてみることにする。

鎌倉時代の延慶三年（一三一〇）ごろ、藤原長清が『万葉集』以後の家集、私撰集、歌合、百首歌などから従来の撰にもれた歌一万七三五〇首を集め、三十六巻もの私撰類題和歌集として『夫木和歌抄』

をつくった。その巻第四・春部四・花には、桜花の歌を四九六首収めている。

歌集なので品種名はほとんどわからないが、その中からあきらかに名のある品種と思える表現のものを抜き出してみると、山桜、八重桜、遅桜《おそざくら》、いとさくら、しだりさくら、にほふ桜、くれなひのうすはなさくら、うすざくらという八種類にのぼる。

和歌に詠み込まれている地名から、現在の府県別の歌数を拾い上げてみる。

奈良県　吉野、奈良の都、春日山、天香久山など三一件
京都府　小野山、音羽山、伏見の里、嵐山など二四件
大阪府　住吉の里、交野の御野、遠里小野など七件
兵庫県　武庫山、淡路島など六件
和歌山県　紀伊の中山、高野山など六件
滋賀県　志賀の浦、伊吹山など五件
三重県　鈴鹿川、五十鈴川など六件
岐阜県　位山、不破の関の二件
静岡県　うつの山、田子の浦の二件
神奈川県　足柄山、箱根の山の二件

長野県　木曾路、おばすてやま、浅間の山の三件
茨城県　筑波山、かすみの関の二件
宮城県　名取川、末の松山の二件
福島県　白河の関、勿来の関、みちのくのしのぶ山など五件
岩手県　ころもの関一件
鳥取県　因幡の山の一件
山口県　響灘の一件

このように東は陸奥の信夫山《しのぶやま》（盛岡市）までの地名が、桜とともに歌に詠まれている。京の都から西をみると、兵庫、鳥取、山口県がわずかにみえるだけで、これ以外の中国地方、四国地方はもちろん九州地方の地名はみられないのである。

桜は全国に分布している樹木であるが、その花を愛でる風をもつ地方は、畿内より東側に片寄っているとみることができる。思うに東日本の春は、畿内よりも遅い。長い冬の期間を吹き払うように咲く桜花は、農作業のはじまりを告げる花でもあった。万物に生気がもどり、秋の豊作を予祝する花でもあった。それだから他の花々より、余計に桜花に親しみを抱いたのであろう。

鎌倉時代に桜の品種多数現る

桜は山野に自生しているものは別として、数多い品種のほとんどは栽培されている。この栽培花木の品種は、鎌倉時代になって一挙に出そろった、作り出したのは関東の農民だと、斎藤正二は『日本人とサクラ ―新しい自然美を求めて』（講談社）で主張する。

なぜ鎌倉時代に関東で作られたのかについて、生物学者であり遺伝植物学の権威であった中尾佐助は『栽培植物の世界』（中央公論社）に収めた論文「サクラとツバキ」のなかで、中世の関東に住まう農民が桜の園芸品種の開発者であるとの作業仮説を発表した。中尾佐助は、林弥栄の報告「園芸品種百選」（本田正次・林弥栄編『日本のサクラ』誠文堂新光社）に記されている代表的な里桜・園芸品種一〇〇種の植物学的帰属を調査したところ、日本に九種類ある野生のサクラの中で園芸種の親がどの種かというと、オオシマザクラの系統の品種が七六種にのぼったのであった。中尾佐助は、「サクラとツバキ」のなかで次のようにいう。

サトザクラの大部分の品種の親になったオオシマザクラの野生している場所は、他の野生のサクラ類と違って非常に狭い地域、すなわち、房総半島、伊豆半島の南部、伊豆七島などに限られている。こんなところにしかないオオシマザクラが、サトザクラとして大発達するためには、その地域に長い年代にわたる文化の蓄積がなければならない。ところが偶然、オオシマザクラの場所にそれがあったのである。源頼朝が開いた幕府が鎌倉に所在したことである。

そして中尾佐助は、鎌倉幕府は西の小田原を含め、一一九二年から小田原落城の約四〇〇年間もの間、東の文化の大中心地として存続していたといい、「この地方では防風林や薪炭林として成長のよいオオシマザクラを植えられており」、鎌倉・小田原の文化と結びついて「サトザクラの品種が選び出され、栽培植物のサトザクラへと発展した可能性は極めて高いといえよう」と推定している。この中尾の推定は、いまのところ歴史的な文書によって証明できていない。

鎌倉周辺でたくさんの里桜の種類が生まれたとはいっても、一度にバッと出てきたのではなく、徐々に出てきてその美しさが世の人に認められていったのであろう。鎌倉桜とよばれる桜の種類があるので、文献からいくつか探ってみる。

桐谷《きりがやつ》という花色は白でかすかに紅の桜がある。この桜につ

サトザクラ

オオシマザクラ

いて江戸時代初期の儒学者の那波活所《なはかっしょ》（道円ともいう）の『櫻譜』は、「桐谷為桜第一《きりがやつはさくらのだいいちとなす》」と評価して、「原出鎌倉桐谷《もとはかまくらのきりがやつにいず》」と生れたところを記している。『櫻譜』は元文三年（一七三八）に出版された本で、桜の専門書の先駆けであるばかりでなく、桜の品種を記載したものとして貴重な文献である。なお桐谷は、材木座の東の谷より、一つ東に隔てた経師ケ谷のことである。

貞享二年（一六八五）出版の『新編鎌倉志』巻之八「称名寺」の項は、文殊桜を「堂の前東にあり、むかしの桜は枯れ、いまは新木なり」と記し、普賢象《ふげんぞう》桜については「堂の前西の方にあり」と記している。

南北朝時代の基本史料となっている同時代の公卿の洞院公賢《とういんきんかた》の日記である『中園太相国暦記』（略称は『園太暦《えんたりゃく》』）は、応長元年（一三一一）から正平十四年＝延文四年（一三五九）まで書き綴られているが、その延文二年三月十五日の条に「南庭に桜樹を栽渡《うえわたす》、殊絶の美花也。号鎌倉桜。蓋し称名寺に所在の桜樹か」と、南北朝の動乱直前に御所紫宸殿前の庭に、鎌倉の称名寺の鎌倉桜と号《よばれ》る桜樹が植えられたことが記されている。その桜花は、殊の外勝れたものだとしている。

文政十二年（一八二九）に植田孟縉が編集した『鎌倉攬勝考』巻之十一付録は普賢象桜について、「仍《よっ》て、鎌倉桜と有は是ならんか」「鎌倉桜と称せしものは、一様ならぬ珍花なりし由」と、鎌倉桜と称されるものは普賢象桜ではないかという。なお、中尾佐助によれば普賢象桜は、オオシマザクラを親としている桜の種類である。

花見と酒宴

室町時代は、現代の日本文化を培養した時代だといわれる。そしてその後におよそ一〇〇年間つづく戦国時代は、国中がかきまわされ、京の文化が広く伝播していった時代だともいえよう。室町時代初期に後崇光院伏見宮貞成親王が応永二十三年（一四一六）から文安五年（一四四八）まで書き続けられた日記『看聞御記《かんもんぎょき》』には、桜花の花見の時には盛大な酒宴を行なったことが記されている。

伏見宮家の菩提寺の大光明寺は、京都上京区にある臨済宗大本山相国寺の塔頭寺院で、花木が名高く伏見宮は毎年観桜をされていた。応永二十五年二月二十三日の花見のときの花見の酒宴の模様である。これより前の花見があった応永二十二年には、お茶だけであった。

武家と僧侶の花見（『月次風俗図屏風』部分、室町時代、東京国立博物館）

当日は仙洞御所の庭の桜樹の下に畳をしき、花を賞でていたところへ伏見の神社である御香宮の慶俊が酒樽を持参してきたので、たちまち酒盛りがはじまった。御殿にのぼることが許されていない六位以下の官人が手伝いにやってきた。伏見宮は酒海《しゅかい》を召しよせて飲み始めた。数献《すうこん》飲むうちに、余興の連歌の一区切りを云いすてた。そのあとで、音曲がはじまり、乱舞となった。桜花を賞でながらのこの催しは、おもしろく楽しいことであった。伏見宮は、前後がわからないほど酔いつぶれた。一献が酒三杯であるから、数献もすごせば一五杯は飲んでいることになり、酔いつぶれるのは当然であろう。

『看聞御記』につづき室町時代末期の世相を記しているものに、公卿近衛政家の日記『御法興院記《ごほうこういんき》』がある。寛正七年（一四六六）正月一日から始まっており、同年の正月十八日に応仁の乱が始まっている。そして武士たちが小競合《せりあ》いで騒ぐのをよそに、花見をし、酒盛りをしていることが毎年記されている。

延徳三年（一四九一）二月二十八日には、庭先の桜がさかんに開いたので、花見をした。家僕のほか中園太政大臣と称された公卿の洞院公賢《とういんきんかた》がやってきた。酒宴の半ばごろになって侍従大納言も来たった。政家は「すこぶる大飲に及ぶ」と、大酒を飲んでいる。花見や梅見に招かれた人は、そこで御馳走になるだけでなく、招いてくれた人に返礼の宴をもつことが慣例というか、礼儀の一つとなっていたので、「花見の事の返礼なり。これは毎年の事也」という文言が日記にはみられる。

戦国の世の争いを治めた豊臣秀吉は、大和国吉野山と、京の山科の醍醐寺で豪華華麗な花見を行なっている。醍醐の花見には、吉野山などから桜樹三〇〇本を移植していた。花見の催しは太閤秀吉が主人で、客は北政所、西之丸（淀君）、松之丸（側室で京極高次の妹）、加賀殿（前田利家の三女）、東御方（前田利家の正室）であった。

東御方をのぞく女性の客は、それぞれ輿《こし》に載り、輿には二人ずつ武将が付き従った。宿舎に到着した女性たちは、装いをこらした装束に着かえ、咲き誇る花とその美しさを競ったのであった。秀吉はこの醍醐の花見の二か月後に、病で倒れ伏した。

公衆の娯楽の為に桜樹植栽

秀吉の後、江戸で幕府を開いたのは徳川氏でおよそ四〇〇年間政治の中心となり、明治期に江戸幕府がたおれたときには東京と改められ、政府が江戸にあることが現在に続いている。江戸時代初期の桜は、個人的な屋敷や社寺の庭などに一、二本、多くても一〇本程度が植えられていたようである。

鎌倉期にたくさんの種類のサトザクラが生まれていたので、鎌倉に近い江戸ではそれらが植えられるようになった。江戸初期の寛永のころ儒学者で昌平黌《しょうへいこう》の基礎をつくった林羅山は、孔子の廟をつくり、そのかたわらに桜樹を植え廟のある岡を桜峰と名付けた。このとき植えられた桜の品種は一〇〇種類にのぼったことが、『羅山詩集』などでみえるが、現在わかっているのは、玉岑、鵞毛、連珠、陶酔、楊妃、五朶雲など三一種である。

徳川八代将軍吉宗（在職一七一六～四五）のとき、享保二年（一七一七）に隅田川の木母寺門前から寺島村上がり場に至る堤の左右に桜樹が植えられた。これが隅田堤への桜樹植栽の始まりである。

品川御殿山の桜については『東京市史稿　遊園編第一』に、「享保（一七一六～三六）に至り桜樹を栽《う》えて四民遊観の場とす」とある。御殿山は太田道灌が居住していたところで、当時は幕府領の御林となっていた。

吉宗はまた享保五年には家臣に命じ、飛鳥山に江戸城内の吹上苑で育成していた桜苗二七〇本を植えさせ、翌年には松と楓を一〇〇本ずつ混ぜてさらに追加して桜樹一〇〇〇本を移植した。元文二年（一七三七）には、玉川上水の上流にあたる小金井の両岸一里にわたって桜樹を植えさせている。

吉宗の命により桜樹が植えられた当時の飛鳥山は、野間氏の私領地であったので、人々は遠慮して花見に行かなかった。花を衆とともに楽しもうという吉宗の意にかなっていなかったので、野間氏には代地を与え、飛鳥山は金輪寺に寄付された。『東京市史稿　遊園編第二』の「飛鳥山碑始末」によれば、吉宗から「今より後、諸人が躬《み》の山を遊楽の地とせよ」と仰せられたとある。

その始まりとして、吉宗は自身に仕える家臣や坊主、かごかき人足などの小中下のこらず、飛鳥山での遊びを与えたので、人々は山下も山上も幔幕を引き回らせて終日酒宴の宴楽を尽くしたのであった。吉

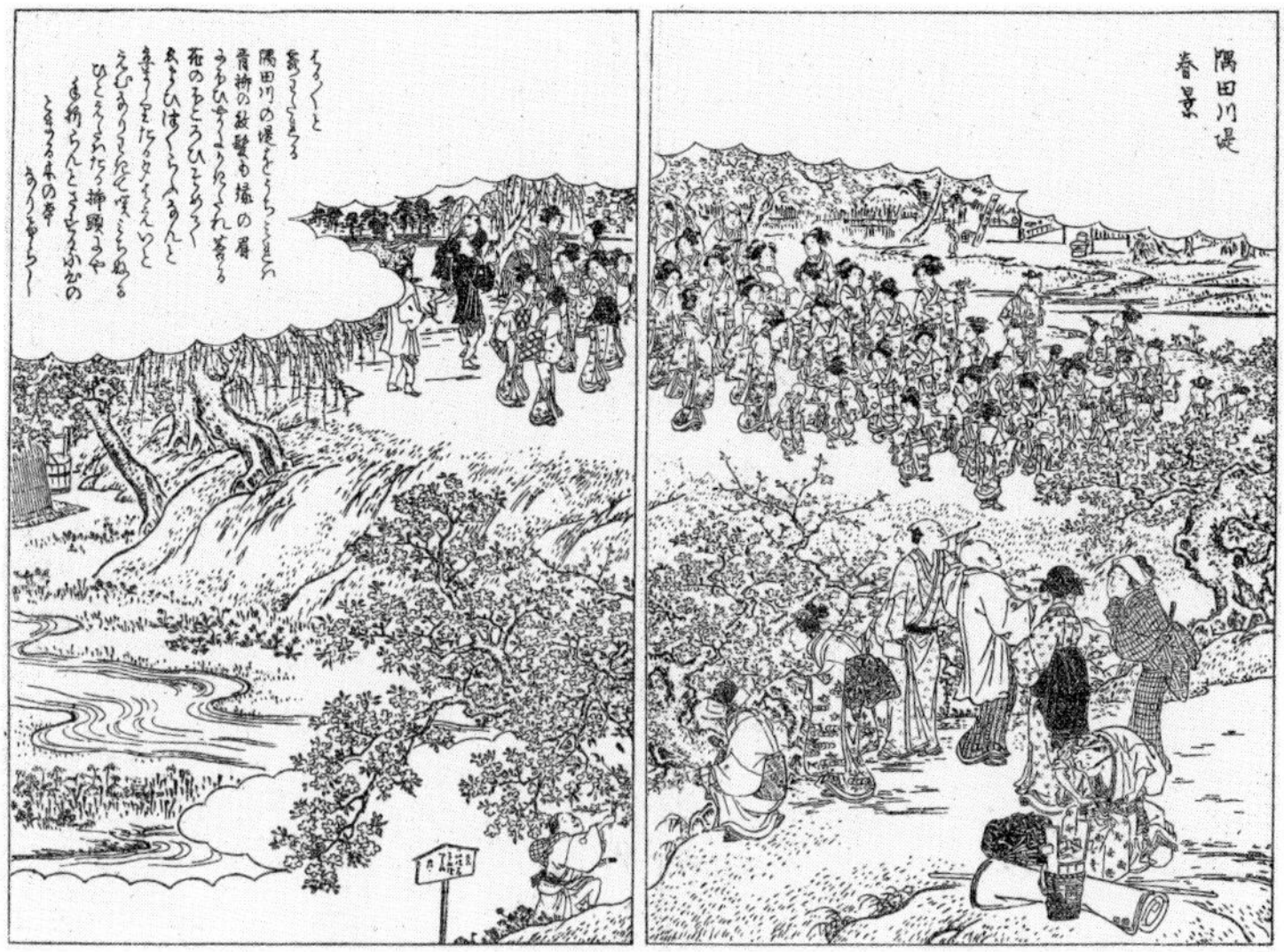

隅田川堤の春景（『江戸名所図会』天保年間）

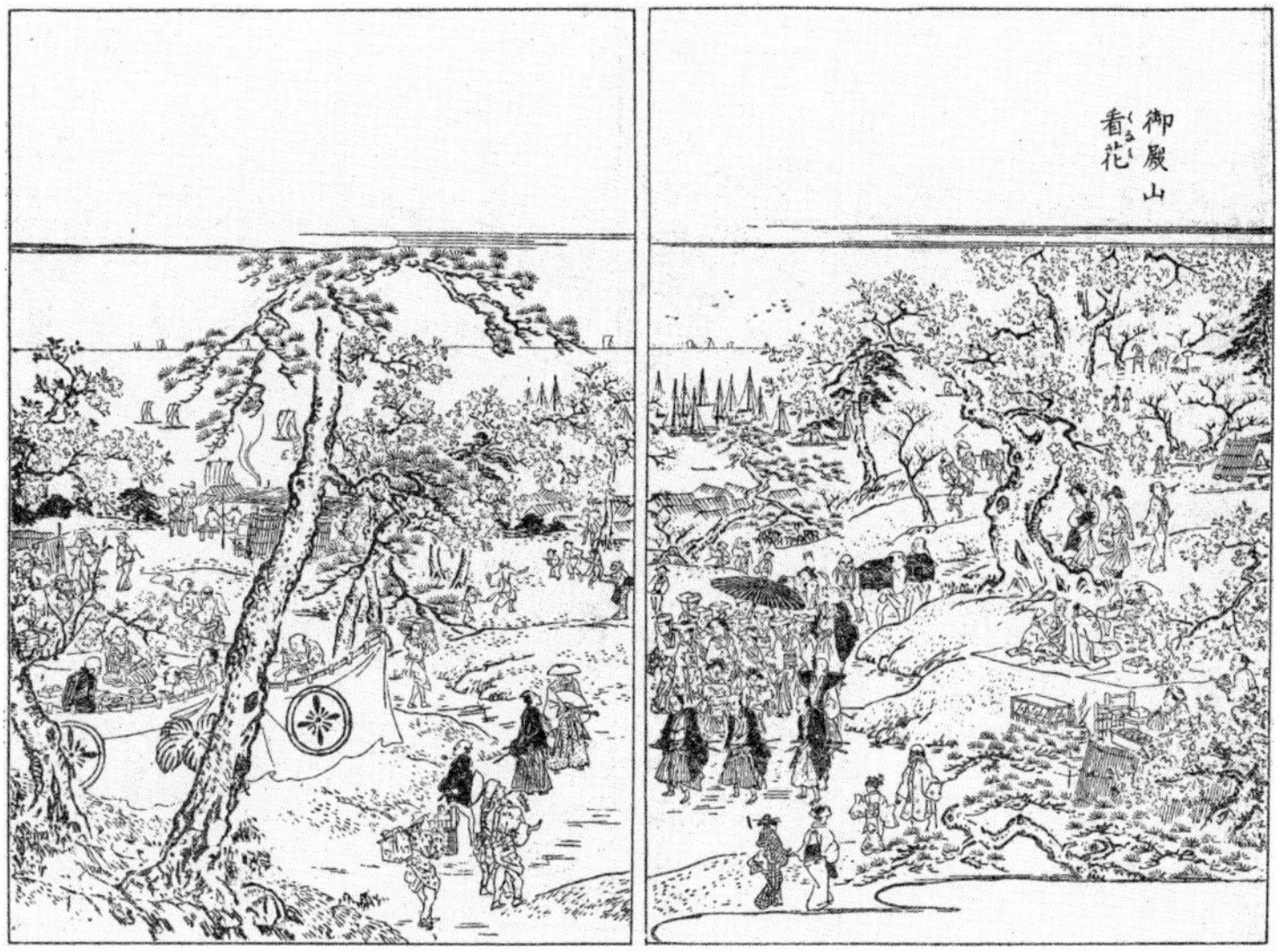

御殿山の花見（『江戸名所図会』天保年間）

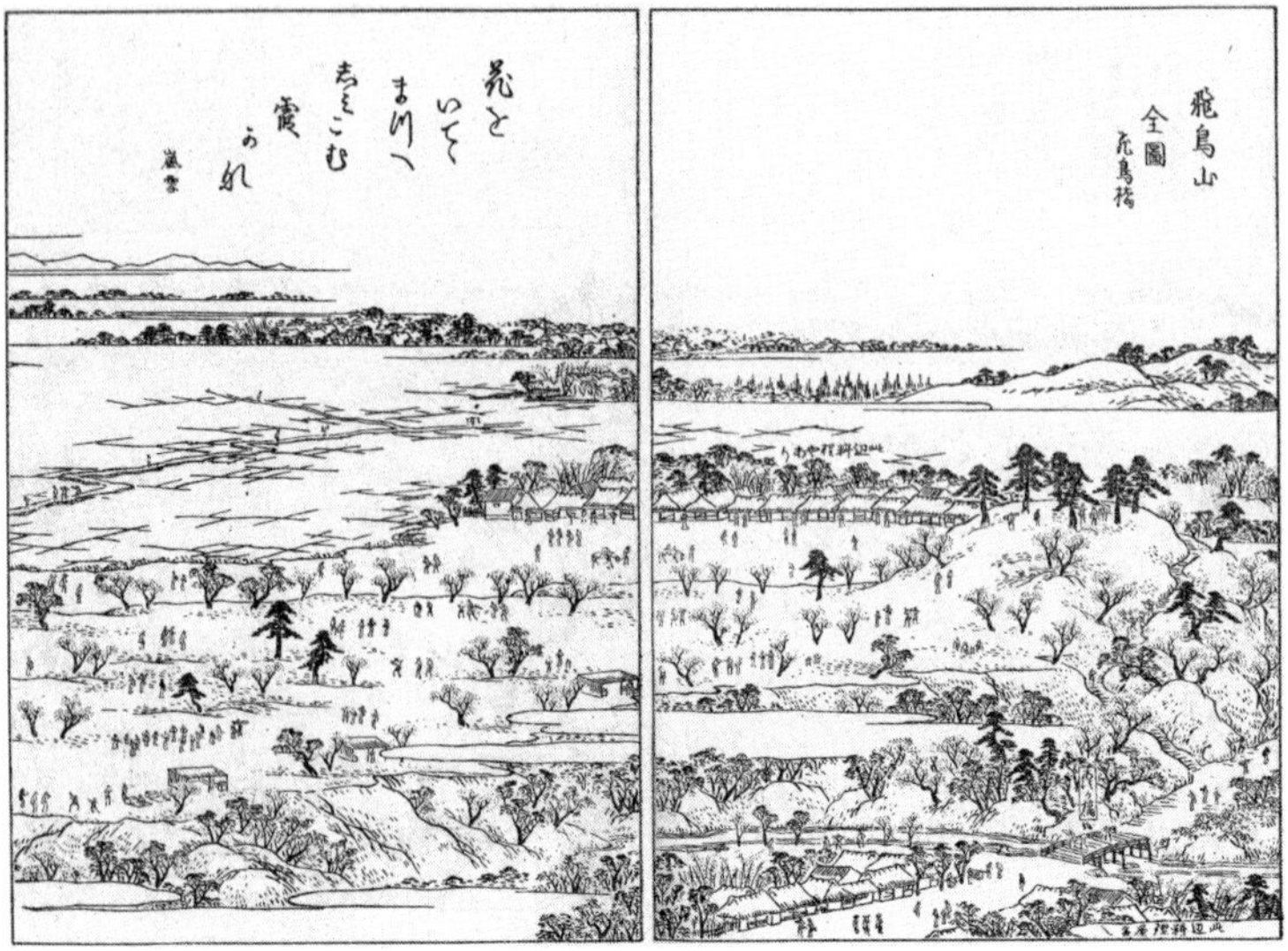

飛鳥山の全景（『江戸名所図会』天保年間）

小金井橋の桜（『江戸名所図会』天保年間）

宗も元文二年（一七三七）の桜花の盛りのころ、飛鳥山で観桜の行事を催した。お供は一説には数百人といわれた。これにより、飛鳥山の花盛りのころは江戸中の貴賤老若の見物がおびただしいものになった。

吉宗はまた、玉川上水の上流にあたる小金井で、玉川上水の両岸に桜樹を千余株も植えさせている。桜の植えられたところは、ほとんど一里（約四キロ）におよんでおり、時節になれば桜花の中に清流が流れ、落花がひんぷんとして舞い落ち、流れ下り見ものであった。武蔵野八景の一つに数えられ、辺鄙《へんぴ》なところであったが、しだいに江戸から足を運ぶようになった。

享保十八年（一七三三）には、新吉原の遊女たちが浅草の浅草寺観音堂うしろ藪をひらき、多くの桜を植え千本桜とよんだ。江戸の人は、身分の高い人もそうでない人も区別なく、盛大な花見をした。

新吉原の遊女たち（喜多川歌麿『狂歌絵本 普賢像』）

近代からの戦争と桜

明治維新によって江戸城や藩邸がつぶされ、そこに造設されていた庭園のほとんどは破壊された。桜の名所で江戸市民の花見どころとなっていた上野は、明治元年の上野戦争で堂塔は兵火にかかり、灰塵に帰していたが、桜樹は残っていた。東京府は明治六年から公園の設置をはじめ、飛鳥山公園をてはじめに桜樹の植栽を開始した。隅田川の日本堤にも、桜樹が植えられた。

明治十六年四月、明治天皇は小金井に行幸され、桜花を観賞された。これにより東京市街地からは辺鄙な場所であったが、遊覧に訪れる者が次第に増加したのである。

明治二十年から桜に関する公的行事として、陽春四月に浜離宮御苑で行なわれる観桜御会がある。毎年の恒例として、東京にいる政府関係者などが御宴に列席し、拝観できるようになった。観桜御会には両陛下が行幸され、参集した人びとに立食の宴を賜った。九五〇人以上もの人びとが御宴に出席したといわれる。当日の出席者の服装は、文官はフロックコートにシルクハット、武官はその相当服、婦人はヴィヂンチング・ドレスかあるいは袿袴《うちきはかま》であった。

明治政府の基本方針は、欧米の列強に伍するための富国強兵策であり、国民皆学と徴兵制度を作った。初期の小学国語では、桜花は雅やかなので人が愛で、梅は香り高いことを尊んでおり、二つの花に優劣はつけていない。明治二十年（一八八七）の教科書では「花ノ王」との題で「紅ノ薄花桜サシ出デテ、朝日ニ匂フソノ時ハ、世ハ花ノ世ト成リ替リ〈花ノミカド〉ト世ノヒトハ」と、桜は「花の王」で別には「花の帝」というのである。花王とは、本来は牡丹の異称である。そして明治三十三年の教科書は、日本人は「桜の、すきとほるよーにて、あざやかに、潔きを好む」と、悪いことを自覚したならば、桜花が散るように潔く悔い改めよと、説いている。

さらに日露戦争の勝利後の明治四十四年の『尋常小学唱歌　第四学年用』の「靖国神社」では、靖国神社に祀られるのは「御国の為にいさぎよく　花と散りにし人々」であると、桜花のように潔く散った・死んだ人びとで、その人たちの魂はここに鎮まることができるのだと歌わせている。ここではじめて、日本国の為に桜花の散る如く潔く散れという国の意思を小学生の時から教育していくようになった。

そして明治四十年代につくられた『陸軍唱歌』では、明確に日本男子と生まれたからには、戦いの中では桜花が散るように散れ・戦死せよと歌わせるのである。

万朶《ばんだ》の桜か　襟の色
花は吉野に嵐吹く
大和男子《やまとおのこ》に生まれなば
散兵戦の花と散れ

明治期には、近世以前からの庶民の花とされていたものが、軍人の花、武人の花、あるいは日本国を表す花として象られていったのである。

軍という組織の目的は戦争に勝つことで、そのために手段を選ばず、兵士を死なせても罪悪だとは考えることなく、敵を倒すために兵士の生命は全く軽んじられた戦地へと送り込まれていったのである。そのために軍歌として兵士の命は桜花と同様だとの考えのもとで、軍国歌謡を兵士に、そして国民に歌わせたのである。陸軍や海軍の学生たちによく歌われた軍国歌謡に、昭和十八年（一九四三）の「同期の桜」がある。

貴様と俺とは同期の桜
同じ兵学校の庭に咲く
咲いた花なら散るのは覚悟
みごと散ります国のため

そして戦死は桜花の散華と称え、靖国神社に神として祀られるのだから、世界中でこれ以上に優遇される国民はないであろうと、考えられていた。

参拝客で賑わう靖国神社の参道

明治期から大発展した染井吉野

栽培されている桜の種類としては染井吉野がもっともよく知られ、染井吉野は栽培本数も最多で、栽培地域も全国に及んでいる。現在では、桜と言えば染井吉野のことだと考えられているふしがある。桜の名所として知られているところは、奈良県の吉野山を除いて、ほとんど染井吉野ばかりといっても過言ではない。

青森県の弘前城址、埼玉県の長瀞、東京都の千鳥ヶ淵、大阪市の大川沿い、和歌山県の紀三井寺、岡山県の鶴山公園、高知県の牧野公園、宮崎県の母智丘公園をはじめとして、数えきれない。染井吉野は生長が早く、花は葉が開く前に枝という枝に群がって、一斉に開花するので一段とみごとな眺めとなる。

咲きいずるや桜さくらと咲きつらなり　荻原井泉水
さくらさくら　瞼閉じても　開いても　伊丹三樹彦
弧状列島さくらのくにの住民票　川崎展宏
八つ橋に映えて城址の桜かな　木村義治
さくらうらおもてなしさくらさくら　高橋とも子
天と地と人のあわひのさくらかな　大工原朝代

染井吉野は主に都会などのように、人の関わりの多いところに咲く華やかな桜の種類である。『平凡社大百科事典』によると、明治初年に東京の染井村（現在の豊島区巣鴨付近）の植木屋が「吉野から採ってきた」といい、吉野桜として売り出した。奈良県吉野山のいわゆる吉野桜はヤマザクラという種類なので、もとより染井吉野とは異なる。本物の吉野桜をみたことのない東京の人は、本物と間違えてしまい、驚くほど速く世間に広まった。

明治三十四年（一九〇一）に松村任三がプルヌス・エドエンシス（*Prunus yedoensis*）との学名を付けてから、学会でその素性の探索がはじまった。当時は伊豆大島が原産地で、染井の植木屋が持ち帰り、吉野桜としてこれを売りさばいたと噂されていたが、三好学・牧野富太郎など何人も大島で探索したものの自生を見つけることが出来なかった。

大正元年（一九一二）に、朝鮮半島南方の済州島に自生するとの報告があった。

竹中要は、昭和二十六年（一九五一）から、交雑試験をはじめ大島桜を母とし、江戸彼岸を父とする雑種であることを突き止めた。そして伊豆半島で自然交配により生まれたと結論付けた。

ところが元筑波大学農林学系教授の岩崎文雄は、竹中の自然交配説を否定し、江戸染井の植木屋の四代目伊藤伊兵衛政武が作りだしたと一九九三年に発表した。小川和佑は、江戸末期に川島権兵衛が創出したとの説を出した。これにより、再び竹中の研究以前の「江戸時代末期に染井の植木屋が作った」ことに戻ったのである。

染井吉野は花の美しさ、全木が一斉に開花する手際の良さ、植えてから早々と花が楽しめる大きさの樹に成長することが、せっかちな日本人気質に合致し、わずかな年月の間に世間に広まった。江戸が東京に変わった頃には、たんに吉野桜といえばこの染井吉野を指すようになっていた。

染井吉野は江戸の隅田川堤に、弘化年代(一八四四〜四八)と嘉永年中(一八四八〜五四)と安政(一八五四〜六〇)の頃植えられており、明治十六年(一八八三)には一〇〇〇本という大量の染井吉野が植えられたのである。そして浅草公園、上野公園、荒川堤、飛鳥山公園など東京の公園に次々と植えられていったのである。

小川和佑は、東京生まれの染井吉野は明治初期の文明開化の桜、御一新の新時代の桜として全国各地に広まっていったという。さらに日清戦争・日露戦争の戦没者慰霊のため全国の町村に作られた忠魂碑の傍らには、必ず桜が植えられたのであった。

染井吉野の全国への拡大に影響を与えたのは、昭和八年(一九三三)から使用された文部省発行の国定教科書『小学国語読本』巻一の冒頭にある「サイタ　サイタ　サクラ　ガ　サイタ」の文章の影響が大きかったと私は考えている。教科書ではこの短い文の下に、爛漫と咲く満開の桜の園の図があるので、いまだ桜のない小学校ではあわてて染井吉野を植えたのではなかろうか。ほとんどの小学校には染井吉野をみるようになったのである。

さらに昭和四十年（一九六五）から、明治になって以降一〇〇年に達するのでそれを記念する行事が政府主導ではじまった。明治百年記念行事として、桜（ほとんどは染井吉野）の植樹をしたところが多かった。その代表的なものとして、岩手県松尾村では村内各地に約四万本の桜が植えられ、大阪市は大阪城公園に約二〇万本・毛馬桜ノ宮公園には一万本、熊本県水上村はダム湖の周囲に約一万本の桜を植えたのである。

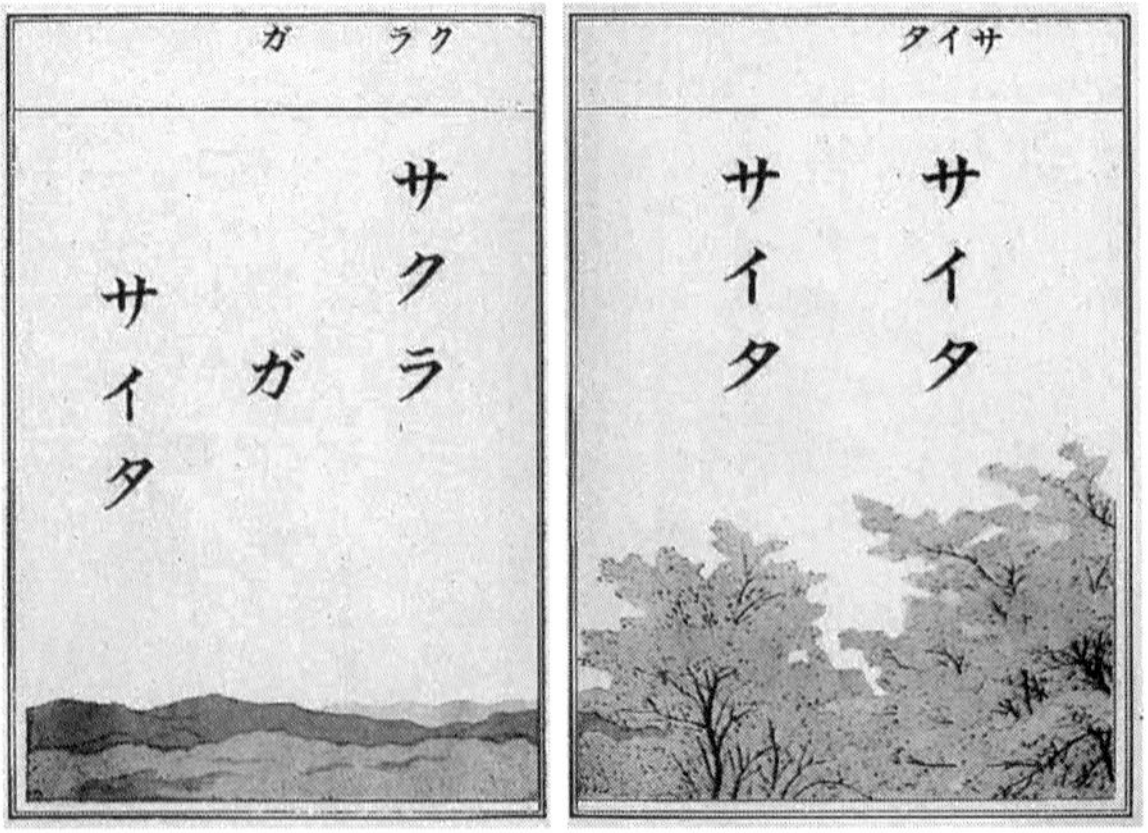

『小学国語読本 巻一』の冒頭部分

2　太閤秀吉の吉野山桜見物

桜花は吉野に代表され、吉野山は自他ともに認める桜の国の、桜の名所である。

吉野山が桜の名所として喧伝される理由には、群落をつくった山桜樹がやや大袈裟にいえば満山を覆い、雲か霞かと見まがう風景を展開することがまず挙げられる。

『古今和歌集』以来一〇〇〇年を超える長年月の間も桜の名所でありつづけ、後醍醐天皇の吉野宮が置かれていたうえに、修験道の本拠地ということから、どの時代でも数多くの人びとが訪れ、厚みのある歴史的な地域と評価され、数多い他の桜の名所とは質的に異なる特徴をもっている。

歌枕としての吉野

吉野とは、広域的には奈良県南部で県全体の六〇パーセントを占める吉野郡全域をいい、狭義には吉野川中流域の吉野山が含まれる吉野町のことを指す。

吉野の名は、『古事記』『日本書紀』『万葉集』にもみえる。また歌枕とされ、歌学書には「みよしの」と美称の「み」をつけた形で現れる。

『万葉集』の吉野は吉野宮付近のことで、桜を詠ったものではない。吉野山の桜花が詠まれるようになるのは、平安時代の末からである。一方、吉野山は歌学書の『能因歌枕《のういん》』(平安時代中期の歌人能因の著作)、『八雲御抄《やくもみしょう》』(順徳院の撰、鎌倉時代初期に成立)などに出てくる歌枕である。歌枕とは、歌を詠むときに典拠とすべき枕詞であり、のちには古歌に詠みこまれた諸国の名所をいうようになった。

吉野山に咲く桜花の歌集への初登場は『古今和歌集』(九〇五年ごろ成立)で、紀貫之記述の序文に「春の朝《あした》吉野の山の桜は、人麿が心には雲かとのみおぼへける」とあり、歌は三首が収められている。

寛平の御時きさいの宮の歌合のうた　とものり

みよし野の山べにさける桜花雪かとのみあやまたれける(巻一・六〇)

内侍のかみの、右大将藤原朝臣の四十の賀しける時に、

四季のゑかけるうしろの屛風にかきたりけるうた　つらゆき

白雪のふりしく時はみ吉野の山した風に花ぞ散りける(巻七・三六三)

大和に侍りける人につかはしける　つらゆき

越えぬまは吉野の山の桜花人づてのみに聞きわたるかな(巻十二・五八八)

『古今和歌集』から鎌倉時代初期の『新古今和歌集』までの勅撰和歌集に収録されている吉野山の桜の歌をまとめてみる。

古今和歌集　　三首
後撰和歌集　　三首
拾遺和歌集　　三首
後拾遺和歌集　桜花の歌なし
千載和歌集　　五首
新古今和歌集　一三首

これらの歌は『新古今和歌集』に収められた西行法師の歌を除いて、実地に桜花をみて詠ったものではない。これは歌枕として吉野山がすでに存在していたため、現地で見たり感じたりしなくても、歌心があれば詠むことができたのである。

吉野山への桜樹を植える

吉野山は大峰山脈の北端にあたり、吉野川沿いから山上ケ岳に通じる修験の修行道に沿った狭い尾根上の街村である。名物の桜は、下から順に下千本、中千本、上千本、さらに奥千本とよばれる街をはずれたところまであり、現在では三万五〇〇〇本ともいわれる多数の山桜の木々が山肌を覆っている。

山岳重畳とした地にある吉野山の桜は山の霊気を存分に受けており、ここの金峯山寺《きんぷせんじ》に祀られている本尊の蔵王権現と深い関係がある。金峯山寺では、三月十一日に花供養の法要があり、読経のあと銅盤に桜の摘花を盛り仏前に捧げる。それは儀式であり、本当は蔵王権現の霊域である吉野山全山の桜花が捧げられるのである。吉野山の桜は、蔵王権現の桜なのであった。

全山の桜　捧げられ　蔵王堂　　宇多川清江

全山が桜樹で埋め尽くされるようになった理由として、三つ説がある。①蔵王権現の神木だからとの説、②山神に花を供える民俗の延長説、③桜は地面に示現した蔵王権現の荘厳《しょうごん》だとする説である。

吉野山の人びとは、蔵王権現の神木なので桜樹は一枝でも焼けば罰があたるとタブー視していたため、桜樹は伐採しなかったといわれている。戦国時代の戦乱を治めた織田信長は、神木の桜を伐採するものは処罰するとの掟を定めたのである。この掟は桜樹を伐採することに関して吉野山の人びとを、きびしく縛ったようである。

一方、いつのころからか立願《りゅうがん》のため、吉野山に桜樹を植えることが行なわれてきた。室町時代末期の天文年代（一五三二〜五五）、吉野山に花見に出かけた学者で右大臣にまでのぼった三条西公条《きんえだ》の日記『吉野詣記』にそのことが記されている。

天正十一年（一五八三）二月にここを訪れた宇野主水《もんど》の日記からは、吉野山の山口から奥の果てまで桜樹で埋め尽くされていた様子がわかる。その理由を主水は「ワカ木ノ花ヲ毎年ウフル事ナガカリシナリ」

と記している。人びとは願望成就のため、数えきれないほどの数の桜樹を植えこんでいたのである。太閤となった豊臣秀吉は、吉野山で花見を挙行し、そのお礼として桜樹一万本を金峯山寺に寄進している。

江戸時代には、公卿の飛鳥井雅章《まさあき》も明暦四年（一六五八）に来山した記念に桜樹を植えている。このころは桜見物にくる庶民が増加し、地元の人たちはこの人たちに蔵王権現に捧げる神木として桜苗を売り、客も吉野山に来た記念にと桜苗を山内に植える風習が出来上がっていた。貝原益軒も、吉野山への道筋では脇道でも本道でも子供たちが桜苗を売っており、往来の人はこれを買い子供に植えさせて通ると、旅行記に記している。

太閤秀吉の桜花見物

鎌倉時代末期から室町時代初期は、吉野山に朝廷がおかれ、京とともに南北に朝廷があった時代である。延元元年（一三三六）冬十二月、ここに都を置かれていた後醍醐天皇は三たび吉野山の桜花をご覧になられたが、そのときに詠まれたいくつかの歌が『新葉和歌集』に収められている。

戦国時代までの吉野山の桜見物は、西行法師や三条西公条などの有名人も行なっている。桃山時代に空前絶後、前にやったことがなく、後にもやったことがないという大規模な花見を挙行した人がいる。尾張国（現在の名古屋市中村区）の足軽の息子から身をおこし、位人身を極めた豊太閤秀吉がその人である。

秀吉は織田信長の跡をついで天下を統一し、天正十九年（一五九一）に関白の位を甥で養子の秀次に譲り、太閤《たいこう》（関白をその子に譲った人の称）となっていた。その翌年、秀吉は領土的野心から朝鮮へ出兵し、年が改まった文禄二年（一五九三）に日明講和交渉がすすみ、休戦状態に入った。

同年八月、秀吉は朝鮮での戦の指揮を名護屋城（佐賀県東松浦郡の北端の海岸沿いの村。現鎮西町）でとっていたが、淀君が秀頼を出産したのを機に大坂へ帰った。赤ん坊の秀頼に大坂城を譲ることに決心した秀吉は、隠居城とするため築城中の伏見城の普請をおしすすめた。

多忙を極めていた秀吉も朝鮮との休戦で落ち着いたとみえて、文禄三年二月、吉野山の桜見物と高野山参詣を思い立った。京にいる関白秀次、秀吉の甥であり秀次の弟で大和国主の秀保をはじめ、諸大名に触れをまわし、二月二十五日（現在の四月十五日）に大坂を出発した。このことを儒学者の小瀬甫庵《おぜほあん》はその著『太閤記』巻第十六に、「吉野花見物之事」との項を設け記録している。

太閤秀吉の花見に付き添った人びとは、徳川家康、前田利家、伊達政宗、細川幽斎、公卿の菊亭春季《はるすえ》（娘が秀次の継室であった）、聖護院門跡など、錚々《そうそう》たる武将や茶人、連歌師たちであり、総勢は五〇〇〇人もの供ぞろえとなった。付き従う人びとはいずれも美麗に飾りたて、にぎやかに出発したので、これを見物する者が沿道に群れ集まったのであった。

華麗極まる花見衆を描く屛風絵

秀吉一向の美麗な花見姿の記録はないが、京から参加した秀次が引率する京衆を、奈良東大寺の多門院の学侶たちが、見物している。彼らが記した『多門院日記』には、次のように派手で華麗な装いに感嘆したことが記録されている。

言慮ニ不及……御供衆悉《ことごと》ク金銀ヲ鏤《ちり》バメ、金襴緞子《きんらんどんす》、薄絵縫以下唐織等コレヲ着シ光渡ル

主役の太閤秀吉たち一行の美麗さは、京衆以上であったことは当然であろう。秀次は、お供に三〇〇〇人を連れていた。

途中で一泊した太閤は、二十七日に吉野川を渡り、吉野山にかかる最初の坂で、大和中納言秀保の建てた茶屋に立ち寄り、饗応のお膳の接待をうけた。

吉野山こずえの花のいろいろにおどろかれぬる雨のあけぼの

秀吉は雨にもかかわらず、上機嫌で歌を詠んだ。

千本《ちもと》の桜、花園、ぬたの山、かくれが松など吉野山の名所を見て、金峯山寺の本堂で秘仏とされる蔵王権現三体が安置されている蔵王堂に参詣した。その後、かつて源義経が潜居していた吉水院（現在の吉水神社）に入った。秀吉は自分の身の周りは小姓ばかりでよいと随行者たちに告げ、諸侯大夫、馬廻などへ、酒樽や肴を与えた。

この時の様子は京都の細見美術館が所蔵している六曲一双の『豊公吉野花見図屏風』（重要文化財）に描かれている。左隻には秀吉一行を迎えるように蔵王堂が正面を向いて描かれ、秀吉の居館となった吉水院に能舞台が描かれている。蔵王堂に向かう輿《こし》に乗った秀吉を二人の輿丁がかつぎ、それに先行する警護の武士たちや出迎えの僧や侍の姿がみえる。大勢の家臣や見物の人たちも、穏やかな表情をみせている。伝承によれば、「一目で千本見える。絶景じゃ。絶景じゃ」とたいそうなご満悦だったという。

この屏風には、吉野山下の六田橋から山上の伽藍まで、全山が満開の山桜で埋め尽くされ、金地に白い花が霞のように連なってみえる。図は秀吉たち一行だけでなく、川で漁をする者、茶を楽しむ者、花見の輿で踊る人たち、辻説法の僧侶など、当時の風俗も細やかに描かれており、桃山時代の風俗を知る上で興味ある屏風絵となっている。

豊公吉野花見図屏風（部分）

雨にたたられた吉野山の花見

秀吉が催した吉野山の山桜見物は、何の因果か雨にたたられた。到着した二十七日は夕方から大雨となり、翌二十八日も、翌々日の二十九日も雨降りであった。

到着三日目の二十九日も雨なので歌会となり、五つの題を設け、各々一首ずつ歌を詠むという題詠の形式で行なわれた。題は、花の願い、不散花風《はなかぜにちらず》、滝の上の花、神前の花、花の祝の五つであった。

吉野山の桜花を自分の目で見ることを長年心待ちにしていた秀吉は、望みが叶った歓びをいっぱいに表現した歌を詠んだ。

　とし月を心にかけし吉野山花の盛りを今日見つるかな

歌会で歌を詠んだ人は、秀吉、秀次、秀保、秀俊、菊亭春季、大納言親綱（中山親綱）、徳川家康、前田利家、伊達正宗、細川幽斎、聖護院道澄《どうちょう》、連歌師紹巴《じょうは》など二〇人であった。各人が五題ずつ合わせて一〇〇首となるため、吉野百首（あるいは吉野花見和歌百首ともいう）といわれる。いま伊達家に伝わる『豊太閤吉野花樹懐紙三巻』がそのときのものである。

夕刻になって秀吉が、歌の代筆のために傍らにおいていた准三宮聖護院道澄に雨がいつまでも止まないのはなぜだろうかと、尋ねた。

「せっかくの花見が、こうも長雨にたたられるのは、なぜなのか」

すると道澄は、

「吉野山では古来、鳥獣を食べないのに、あなた方はかまわず肉を食べている。この雨が止まないのは、蔵王権現をはじめ山の神々の禁を犯しているからでしょう」

と、答えた。この答えに秀吉は、

「ならばすぐさま肉を食べることを止めよう。しかし、それでも雨が止まないときは、吉野山に火をかけて即刻下山する」と、なかば冗談交じりに言うと、道澄は顔色を失い、即座に秀吉の傍を離れ、吉野山の僧たちに直ちに晴天祈願せよと命じたと、巷間には伝えられている。

翌日三月一日は昨日までの雨が嘘のように晴れわたって、吉野山全山が桜花に包まれていた。秀吉は歓びが隠しきれず、吉野山の奥までのぼり、見事に咲きそろった花の雲に包まれ、桜花を堪能したのであった。金峯山寺に桜樹を寄進した秀吉は、翌三月二日、亡き母を供養するため、高野山へと向かったのである。

金銀が湧き出した時代

秀吉は、吉野山での花見のような大規模な花見を慶長三年（一五九八）三月十五日に催している。「醍醐の花見」と称される豪華な花見の宴で、京の山科にある醍醐寺三宝院で挙行している。余談ながら醍醐寺三宝院は修験道当山派（真言宗系）の本山であり、吉野山の金峯山寺は修験本宗の本山で修験道の中心道場とされている。なお聖護院も修験道本山の一つで、本山派（天台宗系）とされている。

秀吉の醍醐の花見は、愛児秀頼をはじめ長年尽くしてくれた糟糠の妻北政所や淀君以下の側室たちにみせるもので、豊臣家の大園遊会であった。女房衆は桜花に負けじとばかりに、三回も衣装を替えて華麗さを競い合い、秀吉もこの世を謳歌した。しかしながら、醍醐の花見の二カ月余の後、病にとりつかれ、八月にはこの世を去ったのである。

吉野山の花見も、醍醐の花見も、これほどの人数と華麗さの花見を行なった者はなく、秀吉でなければできない趣向で、まさに秀吉の絶頂期であった。

秀吉は世界的にも類い稀な幸運児で、彼の出世を祝うかのように、日本国中から金銀が湧き出るほど産出してきた。天下を掌握した秀吉は、生野銀山（現兵庫県朝来市）や大森銀山（現島根県大田市）など、全国の金山・銀山を「公儀」の金銀山とし、諸分一役（一〇分の一の税のこと）のことを命じ、諸

太閤秀吉の醍醐の花見
（『醍醐花見図屏風』部分、桃山時代、国立歴史民俗博物館）

国の金銀採掘にも力を注いだ。

そのため秀吉の蓄積した金銀は莫大な量で、倉庫に満ちあふれたため、天正十七年（一五八九）五月二十日、聚楽第南二ノ丸馬場で金配りということを行なった。公卿や豊臣秀長・秀次、前田利家、徳川家康、上杉、毛利の諸氏にたいし、金六〇〇〇枚、銀二万二〇〇〇枚を何の見返りももとめず配ったのである。

これほどの金銀を手にしていた太閤秀吉なので、大坂・京・大和から総勢一万人近い将士や公家などを動員し、綺羅を飾らせ七日以上におよんだ吉野山の花見費用など、ものの数ではなかった。

太閤五妻洛東遊観之図（喜多川歌麿）

第三章

杉板と日本文化

1　日本文化は杉の文化

わが国は、縄文・弥生のむかしから住居や宮殿などの建築資材として、あるいは生活器具などに木材を利用してきた。そのため、日本文化は木の文化だといわれる。中でも杉の利用度は高く、別に杉の文化だとも称される。老齢で大木となった杉の姿は森厳《しんげん》（きわめて厳粛なさまをいう）で社寺の参道や境内には必ず杉があり、日本人の精神文化にも大きな影響をもたらしてきたのだ。

スギの語源

スギは学名にジャポニカとあるように、日本固有の樹木である。*Gryptomeria japonica*（クリプトメリア・ジャポニカ）という学名は、「日本の隠された宝」とも訳されるという。杉は日本人にもっとも身近な樹木の一つであるが、日本人の暮らしにあまりにも根付いているため、文化的には宮殿建築資材の檜や、里山に生育し日々里人と接している松などとは違ってあまり注目

高野山参道の杉並木

されてこなかった。

漢字では杉、椙、榲、枌と記される。「杉」の旁《つくり》の彡《さん》は針のことで、尖った針の葉をもつ木だとの意味づけである。「椙」の旁の昌は「あきらか」「さかん」の意味があり、多くの樹木のなかで明らかに目立つ樹形をして、盛んに成長する姿を表現したものである。

「榲」は『古事記』時代からスギを表現したもので、非常な勢力で森林を圧倒する姿をいう。「枌」は現在ではほとんど使われていないが、九二七年にまとめられた『延喜式』の「神名帳」（全国の神社の一覧）のスギの名をもつ神名にはこの「枌」が多く使われている。枌はソギともよみ、杉材利用と大きな関係がある。

スギの語源説には、すくすく生える木の義、スグ（直）な木の義、すぐに生育するからの名、幹が真っ直ぐなことによる、など八つの説がある。現在の定説は真っ直ぐな木、すなわち直木《すぎ》からきているとされている。杉の樹幹が真っ直ぐなさまを詠んだ俳句に次のものがある。

杉は直雑木は曲に寒明ける　増永孝元

梅雨に入る杉直幹の男振り　益子京子

しかし、幹の真っ直ぐな樹木は檜《ひのき》、樅《もみ》、栂《つが》、高野槇《こうやまき》など数多くあるので、幹の直《す》ぐい木といっても、どの木を指すのか判別に困ることになり、樹種名の根拠とするには少し難点がある。

私は住居の屋根や壁につかう板に注目した。杉は真っすぐに、薄く、長く割れる木である。薄い板は古い時代にはソキイタとよばれ、略してソキ（ソギとも）ともいい、屋根葺き材に重宝されてきた。ソキイタを作る木として杉は他の樹木と区別され、ソキイタノキ（またはソギイタノキとも）と呼ばれていたのが、略されてソキノキとなり、ソキが同じサ行のスに変わってスキノキに、そしてスギノキとなったとする語源の有岡説を提唱した。

ソキイタの作成風景
（『吉野林業全書』〔明治31年〕より）

杉の分布と地域別の品種

杉の天然分布地は広く、本州北部の青森県から南西諸島の屋久島にまで及んでいるが、不思議なことに現在は杉材の大生産地となっている九州本土には杉の天然分布は見られない。九州の各地に存在する杉の古木は、本州から人がもたらしたものといわれている。

俗に「谷間の杉」といわれるように、降水量の多い、湿潤な気候のところを好んで分布する。垂直的な分布は、和歌山県新宮市（浮島）の標高〇《ゼロ》メートルから、富山県立山町阿弥陀ケ原の標高一九一〇メートルに生育する立山杉の間である。

杉は気候によって品種系統が異なり、太平洋側の表杉《おもてすぎ》あるいは吉野杉という杉の系統と、日本海側の裏杉《うらすぎ》、あるいは芦生杉《あしう》という二つの系統に分かれている。

表杉は本州の太平洋側および四国・九州に分布し、吉野杉（奈良県）、魚梁瀬《やなせ》杉（高知県）、屋久杉（鹿児島県）など四つの品種がある。この系統の天然杉は一般に樹齢が高く、長寿であり、屋久島には樹齢一五〇〇年以上の屋久杉がたくさん現存している。

裏杉は、秋田県から島根県に至る日本海側の各県に多く分布し、秋田杉（秋田県）、立山杉（富山県）、石徹白《いとしろ》杉（岐阜県）、芦生杉（京都府）、氷《ひょう》ノ《の》山《せん》杉（兵庫県・鳥取県）、遠藤杉（岡山県）、八郎杉（広島県）など三〇数種にのぼる多くの品種がある。葉は軟らかくて内側に曲がり、下枝は枯れにくく、地面まで垂れてそこから新しい株を発生させる伏条更新《ふくじょうこうしん》という仕組みをもっている。冬期の積雪量が多いと

屋久杉の代表格である縄文杉

ころほど、標高が高いところまで分布する傾向がみられる。

杉生育地の北限は、青森県鰺《あじ》ヶ《が》沢《さわ》町土倉山《つちくらやま》で、ブナ、ミズナラ、ミヤマカンスゲなどとともに生育している。南限地は鹿児島県屋久島で、標高三〇〇メートル以上の山地にあり、モミ、ツガ、ノコギリシダなどと生育している。

杉植林の歴史

杉はその利用価値が認められ、早くから植林されてきた。初期の植林目的は、敬神崇祖《けいしんすうそ》の地の森厳さの保持、水源涵養《かんよう》や治水、そして有用な材を得るためであった。『日本三代実録』（九〇一）には、平安時代初期の貞観八年（八六六）に、常陸国（現茨城県）の鹿島神宮が造営用材確保のため、杉四万本、栗五七〇〇株の植林をしたことが記されている。これが大面積の杉植林の先駆けであった。

鎌倉時代から戦国時代にかけては、並木、寺院の境内林、屋敷林として植えられていた。室町時代に至ると、茶の湯の数寄屋造りに磨いた細い杉丸太が使われるようになり、京の北山地方でそれを生産す

杉丸太を用いた数寄屋造りの茶室（大津市、居初氏庭園）

る台杉林業がはじまった。

江戸時代のほとんどの藩は、杉材を藩外移出禁止品とし、木材の自給を図るため、杉や檜、松の植林を奨励したが、この時代中ごろまでは杉の商品生産目的の植林はわずかなものであった。しかし、江戸時代後期になると、酒樽や木造船材、あるいは住宅建築用材生産を目的として、大規模な杉植林が行なわれるようになってきた。江戸期の著名な杉林業地には、京都府の北山地方、宮崎県の飫肥《おび》地方、静岡県の天竜地方、鳥取県の智頭地方、埼玉県の西川林業地、奈良県の吉野地方等がある。

明治期には、三七・三八年の日露戦争戦勝記念に杉・檜の植林が各地で行なわれた。ところが、太平洋戦争の際は、軍需用に大面積の山林が伐採され、終戦直後には岩手県の面積とほぼ等しい一五〇万ヘクタールの裸山が出来てしまった。そのため、戦後治山治水を目的とした大規模な植林が開始された。高度経済成長期には、農業用の堆肥が化学肥料に、薪や木炭が主体の家庭燃料がプロパンガスや石油へと代わり、牛馬が行なっていた農業用地の耕作はトラクターなどの機械に代わったため、里山の大きな率を

京都の北山杉の若木（根元に台が見える）

占めていた草山や薪炭林にも計画的にスギ・ヒノキ・マツ類の植林が行なわれてきた。

そして、昭和五十九年（一九八四）には、全国の植林地はついに一〇〇〇万ヘクタールを超えた。世界の国々のなかで一〇〇〇万ヘクタール以上の植林地を造成した国は日本だけで、その業績は世界的にも大きく評価されている。植林地に占める杉の割合は四四パーセントで、植林樹種の中で最大の率を占めている。

建築材としての杉

杉は木造建築家屋のほとんどの部材として使用可能で、主に床柱や造作材として用いられる。かつて東京の住宅は、柱は杉、土台は檜、梁《はり》は松を使うのが一般的であった。杉材は材料費を安く仕上げる貸家から、最高級の数奇屋建築に至るまで、家の主要な部分に使われた。それは多種多様な好みの材料が杉から得られたからである。しかも、日本人の感性と一致する穏やかな質感、落ち着きのある色合い、はっきりとした年輪を伴っていたからである。

人の胸高位置での直径が二メートル以上という大木に育つ杉からは、幅広い板をとることができる。和室に寝転がったときに目にする天井板は、多種多様な模様を描く大木の杉の独断場である。年数を経ても狂いが生じないという要求に、杉材は最も適していた。杉は木の肌がやわらかく、しっとりと落ち着いて、しかも上品な艶をもっているため、床板、階段、棚、敷居、鴨居、障子、襖などの造作材に多く用いられている。杉材が使われている部屋には落ち着きがあり、安らぎがこもっているように感じられる。杉材は人が健康的に生活するうえで、きわめて有用な材料である。マンションで猫を飼っている友人の河本一夫氏の観察では、猫の休む場所はコンクリート部分よりも木質部分に、そして木質の板の中では檜よりも杉を好むということである。

木材学者が行なったマウスによる床の材質実験でも、マウスが休憩したところはコンクリートよりも檜へ、檜よりも杉の床の上へと移っており、友人の猫の観察と同じ結果となっていた。コンクリート製のマンションでも、室内を杉板で囲むだけで、効果は得られると考える。

桶・樽の発達と生活文化

杉で作られる容器に桶と樽があり、どちらも円形の底の周囲に板を並べ立て、箍《たが》で締めて水が漏れないように作られた容器である。桶は小型のものが多く、樽は大型のものが多いという形態の違いが注目されるけれども、材料の板の使い方が桶と樽とでは基本的に異なっている。

それは、桶は年輪が真っすぐに平行に通った柾目《まさめ》板を用い、樽は年輪が山形や竹の子形をした板目の板を用いるという基本的な違いがある。桶は水を入れても一時的なものに使用する器で、仮に長時間水を入れておくと中の水は組織の柔らかな春材の部分から抜け出してしまうため、桶の中の水はいつしかなくなってしまう。用途として寿司桶、洗桶、風呂桶、肥桶《こえおけ》などがある。樽は水などの液体を長期に保存することを目的とした器で、酒樽、醤油樽、味噌樽、漬物樽などがある。

桶・樽は南北朝時代に発明されたようである。なお、南北朝時代は、一三三六年（延元元年・建武三年）に後醍醐天皇が神器を奉じて京都から大和国吉野に入ってから、一三九二年（元中九年・明徳三年）に後亀山天皇が京都に帰るまでの五七年間のことである。

酒・味噌・醤油の醸造が、桶・樽が発明される以前の大きくても一斗（一八リットル）程度の瓶《かめ》から、杉板を使用した一石（一八〇リットル）入りとか二石入りというような大きな樽に変わり、大量生産が可能となり以降は醸造業が盛んとなった。

奈良県吉野地方の杉材は、年輪幅が密で一定しており、節が少なく、真っすぐで、根元と梢までの大

酒樽にする杉の側板（『吉野林業全書』〔明治31年〕より）

きさの変化も少ないなど、酒樽用の板としては最適な条件を備えていた。江戸時代の後期吉野杉の樽材は、吉野川・紀ノ川を下って運ばれたので、その材を利用できる摂津国の池田や灘《なだ》地方では酒造業が大きく発達した。そして当時世界有数の人口をもつ都市となっていた江戸へ、杉製の小ぶりな酒樽に詰めて送り出した。これを下り酒という。

杉の手桶は軽く、水や油、食物などの運搬に便利な器であった。日本酒は木香《きが》といって、杉材の香を酒の香の一要素として楽しむのである。新酒のできた印として、酒屋には杉の枝葉を丸めた酒ばやし（杉玉）が吊るされた。

南北朝時代から京の町で用いられた肥桶《こえおけ》も杉製で、近郊の農民が町の人の糞尿を肥料として汲み出すことに使われた。江戸も大阪も水路が発達していて、汲み

造り酒屋の軒先に吊された杉玉（酒ばやし）

『三十二番職人歌合』（室町時代）に描かれた結い桶師

取り業者は杉の厚い板で作られた平底舟に肥桶を積み、遠方の農家まで肥料として販売していた。反対に、農家からは季節の野菜などが町の人に届けられた。町の糞尿は農作物の肥料となり、野菜として元の主へかえるという、都市と近郊農村が循環するシステムが出来上がっていたのである。杉材でつくられた軽い肥桶での汲み取りによる下水処理が、町に清潔さをもたらせていたのだ。

屋敷林と杉

わが国には、強い季節風などから住居を守るため、屋敷の周囲に杉、松、欅《けやき》、樫《かし》、竹などを植えた屋敷林をもつ地方が多くある。屋敷林の代表的なものに、宮城県仙台平野の「伊久根《いぐね》」、富山県砺波《となみ》平野の「カイニョ」、島根県出雲平野の「築地松《ついじまつ》」などがある。

杉が屋敷林に多用される理由は、全国各地の気候に適応できること、木材を多方面に利用できること、寿命が長く屋敷林の役割を長年にわたって果たすことができること、平野の只中で不足する家庭燃料として落ち枝を利用できること、などの利点があったからだ。

住居周りの杉などの樹林は景観をよくするだけでなく、樹木が発散する精気や芳香が住む人の健康の保持増進にも役立ち、小さな林ながら厳しい気象を緩和して、夏は涼しく冬温かな生活を送ることができた。さらには、自然に包まれた安堵感も得られた。

砺波平野は農家が点在する典型的な散村で、それぞれの農家は杉を主体とする屋敷林に囲まれており、遠望すると数多くの小島が海に浮かぶ様にも似て、美しい景観となっている。ここでは、農家の草葺屋根を強風から守るため、冬でも落葉しない常緑の杉が屋敷林の木として選ばれ、風上側に厚く植えられたのである。

砺波平野では「田は売ってもカイニョは売るな」との言い伝えがあり、大木の杉が沢山そびえる屋敷林は自慢の種で、それにより家の格の高低が認められていたほどである。

おわりに

杉は馥郁《ふくいく》とした香りを発散するとともに、酸素の供給源であり、地球温暖化の原因となる炭酸ガスを木材として貯蔵してくれる。日本人がスギ花粉症に悩まされはじめたのは、たかだかわずか五、六〇年ほど前からだ。杉の日本文化への貢献度をもう一度見直してほしいものである。

屋敷林に囲まれた砺波平野の散村

2　古代の日本文化と杉

杉花粉症

わが国は地球的な地理関係から、植物の種類がことのほか多いのだが、その中で林業樹種として優れた杉は、日本人にもっともよく知られた樹木である。林業とはどんな産業であるかというと、人間が生活するために必要なものは衣食住であり、農業はそのうちの衣料と食糧の生産を目的とした産業であり、林業は農業と同等に住にかかわる資材生産を目的とした産業である。

林業樹種として優れているということは、杉の材は人々の住居につくる建築用材（棟梁・屋柱・天井板・戸板・壁板・障子・建具など）、木造船の船体、桶や樽、割りばしなどの日用器具材として人々から需要がたくさんあるということである。杉は大木に育つので、大きくて長い材をとることができ、軽く、細工も容易で、見た目も美しく、そのうえ安価で手に入れやすいという特徴がある。

ただ、現在の都市に住む人々からは、スギ花粉症の元凶として強い恨みの念波を向けられている。しかし、それは俗にいう逆恨みである。スギ花粉症がとやかく言われ始めたのは、戦後の高度経済成長期のころからで、たかだか六〇年位前からである。それまでの二〇〇〇年近い長年月の間、日本人は杉と共生してきたが、スギ花粉は人々の生活にはなんらの影響も与えることなく過ごしてきた。

スギ花粉症は、戦後急速に発達した交通機械（自動車・バイク・電車類）から排出される廃ガス、食物には必ず化学製品の添加物が加えられるようになっていること等々、また戦前には見られなかった有害な浮遊物が大気中に存在し、日々の食べ物も自然物ではなく、長期間保存できるように化学物質を混入したものとなった。都市住民の方々の環境も変わり、身体も戦前の自然食品だけ摂取していた時代には考えられない化学物質を含んだ食物を摂取することが大きく影響していると考えている。人体の環境変化原因説である。これは、本項から外れた余談である。

縄文時代の杉

わが国のスギ科の樹木はスギ属スギと、コウヤマキ属コウヤマキという二属二種だけが現存しているが、その発生は一億数千万年前にさかのぼる。

何度かの氷期の間にスギ科のメタセコイア属（化石として見つかる）は絶滅したがスギは生き残り、最終氷期の今から一億二〇〇〇万年前には滋賀県の琵琶湖と福井県の若狭湾をはさむ山地を中心に、日本海側にわずかな分布を示しながら生存していた。このほか、紀伊半島南部と四国山脈の一部、九州の屋久島にも生活しているものがあった。

近世には大坂から伊勢に参るルートとして賑わいをみせた十三街道の杉木立

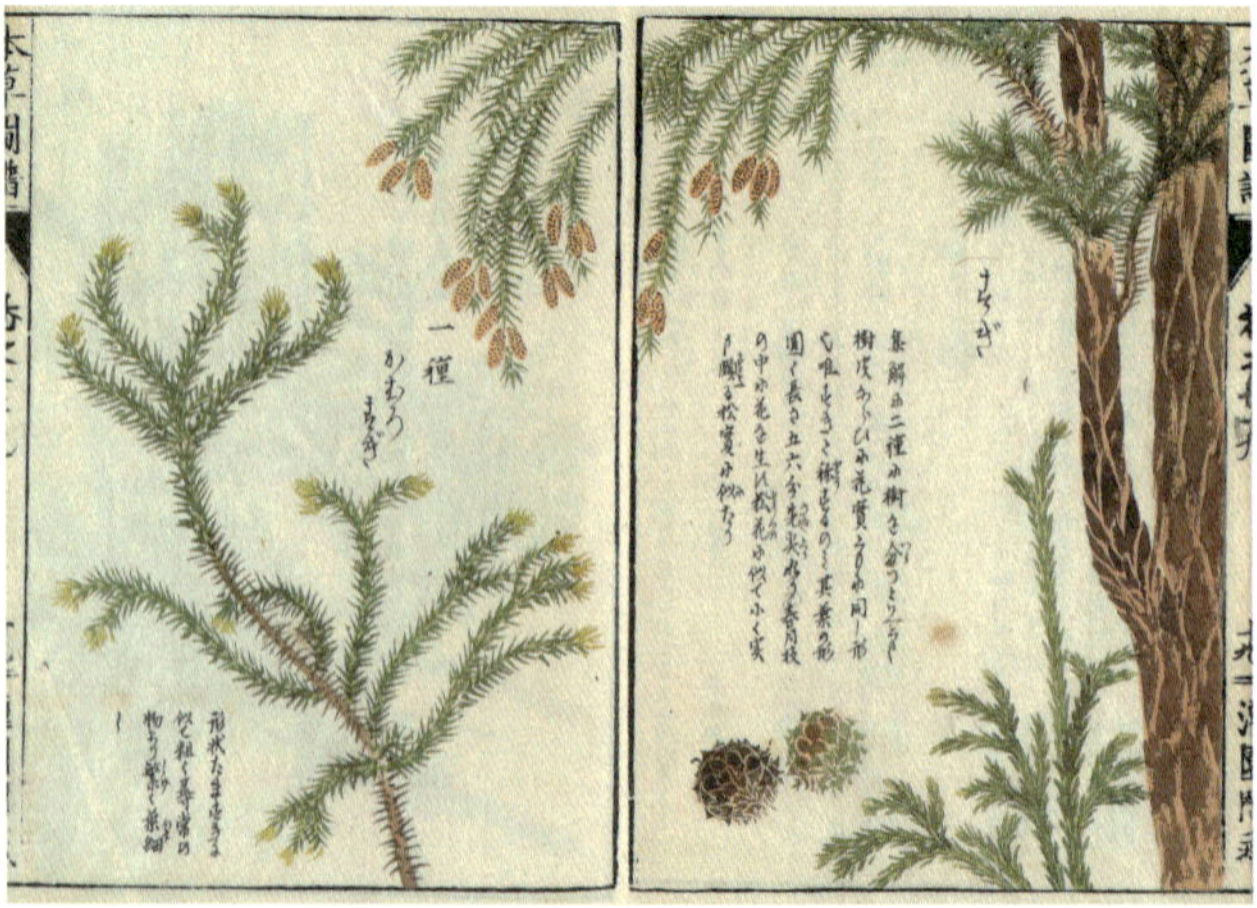

江戸末期に描かれた杉（右）と園芸品種「かむろすぎ」（左）の図
（岩崎灌園『本草図譜』文政11年完成、田安家旧蔵の写本、国立国会図書館）

熊野三山へと通じる熊野古道の杉林

縄文時代には地球が温暖となり、落葉広葉樹が生育範囲の拡大をはじめる前に、いち早く杉は逃避していた若狭湾沿岸から、北へと向かっていった。全国的な規模での花粉分析によると、秋田県や岩手県の秋田県境の雪の多い地域には三五〇〇～四〇〇〇年前に到達していた。秋田杉の起源はこのころである。

縄文時代は紀元前一万年まえにはじまり、紀元前五～四世紀まで継続している。東北地方では、青森市の三内丸山遺跡をはじめとして各地に、堅い材質の栗大径木の建造物が卓越する。栗の巨木を自在に使いこなした縄文時代の人びとが、通直で、太くて長く、しかも加工しやすい杉材を利用していない理由は、縄文文化の中心地であった東北地方に未だ杉は分布域を拡大していなかったことによる。

また仮に、杉が生育していたとしても、この時代の伐採器具である石斧は刃先が鋭利でないため、幹に打ち込んでも杉の柔軟な材質によって撥ねかえされ、切断することはできなかった。堅い材の場合は、石斧で材を傷つけることができ、時間はかかるけれども伐採することができた。

弥生時代の杉利用

弥生時代に至り、鋭利な鉄器をもつ人々は、集落の周辺に生育する杉を伐採し、水田の畔を杉の板で造成し、文化圏を作っていた。その代表が、静岡市の登呂遺跡であり、伊豆半島の山木遺跡である。

登呂遺跡で発掘された水田跡は東西二一〇メートル、南北三三〇メートルで、そこに三三枚の水田が営まれていた。あぜ道は、大小、長短の杭を組み合わせ、杉の矢板を並列、二列、三列あるいは四列など、さまざまに打ち込んで作られていた。使われた杉板は何万枚にものぼったのだろうか。水田のあぜ板ばかりでなく、建設材料や構築材料、木器などにも杉は使われ、発掘後に鑑定された木材件数の八〇パーセント以上が杉であった。

山木遺跡では、生活関係木製品として皿、鉢、高杯、杓子、匙、杵、桶、腰掛け等があり、稲の栽培用具としては鍬、田下駄、田舟、フォーク型木器、杁《えぶり》、槌等に、杉材が使われていた。

杉は縦に割れやすいので、伐採して丸太に玉切って割れば、いくらでも小さくなり、運びやすい素材であった。丸太一本のことを林業用語では「一玉《ひとたま》」といい、玉切るとは伐採した樹木の幹を中途で切断して丸太にすることをいう。したがって丸太に玉切ることができれば、杉は使いやすい樹木であった。

出土した丸木舟の作られた年代は明確ではないが、昭和六十三年（一九八八）現在時点で出土している丸木舟は一八〇点あり、その樹種は三〇種にのぼる。樹種のなかで最も出土点数が多いのは杉の四八点で、次は榧《かや》の三二点、二葉松類（赤松・黒松のこと）の一九点、楠の一九点、栗一四点、樅《もみ》六点、コナラ五点、ムクノキ五点であり、杉の点数が群を抜いている。

杉製の丸木舟が出土した地方は、青森、山形、新潟、石川、福井、島根、千葉、埼玉、神奈川、静岡、

「縄文杉」と呼ばれる、鹿児島県屋久島に自生する屋久杉を代表する古木

箱根街道沿いの杉並木
（歌川広重『東海道五十三次　箱根』ボストン美術館）

近世に旅人の憩いの場となっていた笹子峠の杉の古木。現在も存在している
（二代広重『諸国名所百景　甲州矢立の杉』ボストン美術館）

大阪という一一府県であり、なかでも静岡県での出土点数は三〇点もあり、総杉丸木舟の六二・五パーセントを占める。杉丸木舟は、日本海側にも太平洋側でも出土しており、丸木舟に利用される樹種別のなかでも最も広い範囲となっている。杉の生育地では、大きな材料が採れ、軽く、加工しやすいのでよく使われたのである。またごく最近まで、川舟は杉板が用いられていた。

飛鳥時代の杉

飛鳥時代（六世紀末から七世紀前半）になりヤマトの政治の中心として、藤原宮などの宮都が造営されるようになったが、官の造営する宮殿、官庁、寺などの建物の建築材のほとんどは檜がつかわれ、杉は一般庶民の住居用材とされた。ただ官の方も、船材としては杉を重宝したのである。

飛鳥時代の皇極天皇は板で屋根を葺いた宮殿を造り、飛鳥板葺宮《あすかいたぶきのみや》（伝承地は、奈良県高市郡明日香村岡）と名付けられた。いまこの屋根板が何で葺かれたのかはよく分からないが、薄い屋根板をつくるためには割りやすい杉が使われた可能性が高い。杉の枌板《そぎいた》（そいだ薄い板。屋根などを葺くのに用いる）での屋根葺きは近年まで行なわれていた。

大和青垣とよばれる山々で囲まれた大和平野の東南部にあって、神南備山として奈良盆地内の人びとに崇められている秀麗な山容の三輪山は、山全体が大神《おおみわ》神社のご神体であり、飛鳥時代には朝廷から崇《すう》敬《けい》されていた。三輪山に生育する杉は『万葉集』で「三諸《みむろ》の神の神杉」として、神が降臨される神木として神官たちは斎《いつ》き祀っていた。

神杉は、元来神体山三輪山の神籬《ひもろぎ》であった。神籬とは、往古には神霊が宿っているとされる山の神聖さを保つためのもので、いうなれば周囲に杉などの常緑樹を植えめぐらせた籬《まがき》、つまり垣根であった。また神籬は玉石で組んだりもされた。

大神神社は古代から「杉の社」と称せられ、現在もなお「お杉葉」と称して神前に杉葉を備える習慣がある。大神神社は酒の神としても知られ、一名酒ばやしともいう杉玉が本社の拝殿廊下の中央の天井から懸けられている。重さは約八〇キロもあり、美しい球形をしている。この杉玉は、酒の神の三輪明神が宿られる「奇《く》す玉」で、すべての災厄を払うとされる。

杉玉は、酒屋の軒先に看板としてつるされ、「しるしの杉」ともいわれる。西鶴の

大神神社境内の神杉

『日本永代蔵』にも「酒屋は杉のしるし門」とみえる。

杉植樹のはじまり

『万葉集』巻十には、柿本人麻呂が杉の木を植えたことを詠んだ歌が載っている。

古《いにしえ》の人が植へけむ杉が枝にかすみたなびく春は来ぬらし（一八一四）

歌は昔の人が植えた杉だといっている。植えられた場所は、神域ではあろうと想像できる。柿本人麻呂の生没年は未詳であるが、天武・持統・文武天皇（六七二～七〇七）に仕えた六位以下の舎人《とねり》である。これほど古い時代に樹木を植えた記録は世界的にも稀であろう。『万葉集』には、杉を詠った歌が一二首収められている。

『万葉集』に杉を植えたとする記録は残されているが、その材の利用を目的としたものではなく、あくまで神域

鹿島神宮境内の社叢

などの神聖さを維持することに意義があったようである。

次の記録は正史の『三代実録』（武田祐吉・佐藤謙三訳『訓読　日本三代実録』臨川書店　一九八六年復刻版）巻十二・清和天皇の貞観八年（八六六）正月一九日の条《くだり》には、常陸国の鹿島神宮の式年遷宮用材を確保するため、

宮の辺《ほとり》の閑地《あきち》に、且《しばらく》栗樹五千七百株、椙《すぎのき》樹四万株を栽《う》えたり。

鹿島神宮の背後の山の空き地に、杉の木を四〇〇〇〇本、植林したというのである。大規模な杉造林が行なわれていたのである。

3　スギの漢字表記と新語源説

杉・椙・榲の表記と意味

わが国の文化は木の文化だといわれる。

木の文化のなかでスギは大きな役割を果たしており、代表的な樹種として最も数多く植林されている。そのスギは、漢字では「杉」「椙」「榲」と表記し、そのなかでも現在は「杉」が最もよく用いられている。

スギは日本特産の樹木で、中国には産しないが漢字に「杉」という字がある。漢名の「杉《さん》」はコウヨウサン（広葉杉）のことであり、およそ一〇〇〇年前に中国へ渡ったわが国のスギを漢名は「倭木」と記す。つまり中国では、スギは倭《わ》の国の木であると認識して熟語を作ったのである。倭とは、中国や朝鮮半島で用いられる日本の古称であり、日本人のことを古くは倭人と呼んでおり、それに倣ってスギも倭の木だとしているのだ。

わが国の「杉」は『角川大字源』（尾崎雄次郎ら編　角川書店　一九九二）によると、「意符の木と音符の彡《さん》から成る。粘りがあって腐りにくい木、『すぎ』の意」としている。

音符の彡は、粘りがあるという意味だとし、一説にははり（針）の意味だとしている。つまりスギの葉が針のように尖っているところから、木偏に彡をつけ、尖った葉をもつ木と意味づけたとの解釈をしている。そして訓《よみ》は、中古も中世も、近世も「スギ」とよむ。

「椙」は杉の異体字として用いる国字である。旁《つくり》の「昌」には、「あきらか」あるいは「さかん」という意味があり、数多くの樹木が生育しているなかでも「あきらか」に目立つ樹形をしており、「さかん」な成長力をみせるスギの姿が表現できている字だといえよう。

「榲」は古い時代に使われたスギの漢字で、諸橋轍次著の『大漢和辞典 巻六』（改訂版 大修館書店 一九九九）の第三の解釈は「杉也」とし、第四の解釈では「木の盛んなさま」とする。同辞典は「榲」を樹木のスギのことを表す言葉としているので、その樹木は生長が盛んで、その集団が他の広葉樹などと違い非常な勢力で森林を圧倒している状態を示しているともよみとれる。

スギの表記には、古来から通常は杉、椙、榲という三種の漢字が使われ、さらに異体字として「枌」や「杦」などが使われている。

江戸後期の植物図には「杦」の字が見える（川原慶賀画）

スギの漢字表記事例

古い時代の文献の使用例をみると、和銅五年（七一二）に太安万侶が撰上した『古事記 上つ巻』の須佐之男命《すさのおのみこと》の条《くだり》は八俣《やまた》の大蛇《おろち》を「其の身に蘿《こけ》と檜《ひ》と榲《すぎ》と生《お》ひ」と形容している。谷八つ、尾根八つの八俣大蛇の身体には、コケとともにヒノキとスギが生えていたというのだ。

一方、養老四年（七二〇）に舎人親王が撰上した『日本書紀 巻第一 神代上』には八岐大蛇《やまたのおろち》の項の一書（第五）では、素戔嗚尊《すさのおのみこと》がスギ・ヒノキなど三種の樹木を生み出されたときの記述に、「鬚髯《ひげ》を抜き散らすとすなはち杉となる」とあり、「杉」の方を採用している。同じスギでありながら、記紀では用いる漢字が異なっている。スサノオノミコトの表記も、記紀では異なっている。

天平宝字三年（七五九）に大伴家持編するところの『万葉集』では、「鉾椙《ほこすぎ》之《の》本《もと》（巻第三・二五九）のように椙の使用例は二件、「杉村《すぎむら》乃《の》（巻第三・四二二）のように杉の使用例は七件であり、杉が多勢を占めている。これ以外に「須疑《すぎ》」と訓を万葉仮名でしるしたものが二例（巻第二・一五九）ある。

農林省編『日本林制史資料 豊臣時代以前』（朝陽会 一九三四）に採録されている天平宝字六年（七六二）の「正倉院文書」には、地方の山作所（現地の伐採事務所）から数多く送られてくる材木のなかに「榲榑《すぎくれ》」との記述をたくさんみる。榲榑の記述は九件あるが、すべて榲との記述である。

和銅六年（七一三）、元明天皇の命により天平五年（七三三）に撰進された『出雲国風土記』の意宇《おう》の郡の、すべてもろもろの山野にあるところの草木の条では「杉（字はあるいは椙に作る）」としているが、同風土記のスギの表現法は郡によって異なり、杉と椙の字が用いられている。

ところが、これまでみてきたスギの漢字表記以外の「枌」という字が『出雲国風土記』の、神門《かんど》郡の山の説明で、次のように用いられている。

田俣山　郡役所の真南一十九里にある。（桧《ひのき》・枌《すぎ》がある）

長柄山　郡役所の東南一十九里にある。（桧・枌がある）

吉栗山　郡役所の西南二十八里にある。（桧・枌がある）いわゆる天の下をお造りなされた大神の宮の造営のための材木をとる山である。

三つの山にそれぞれ（枌《すぎ》がある）と注書されているが、飯石郡の堀坂山の注書では、「杉がある」とされ、同風土記でも二通りの書き方がされている。

いずれにしても奈良時代までのスギの表記は、杉、椙、榲、枌の四種の書き方があった。

スギの語源八つの説

スギの語源説には、次のようなものがある。

1「すくすく生える義。スギノキが成語」は、大槻文彦の国語辞典『大言海』（冨山房　一九三二）である。

2「スグ（直）な木の義」は、『和句解』（著者名・成立年未詳）、貝原益軒著『日本釈名』（一六九九）、新井白石著『東雅』（一七一九）、成井某写『日本母声伝』（一七七九）、契沖著『円珠庵雑記』（刊年不明）、大石千引著『言元梯』（一八三〇年成る）、小野高潔著『百草露』（自筆本）、服部大刀著『名言通』（一八五八）、小野蘭山述・小野職孝・岡村春益編、井口望重訂『重訂本草綱目啓蒙』（一八五八）という辞書類、および宇田甘冥著『本朝辞源』（江戸時代、成立年未詳）、林甕臣著の『日本語原学』（江戸時代、成立年未詳）である。

3「『すぎ』の称も、その幹がまっすぐなのによる」は、『角川古語大辞典』（中村幸彦ほか編　角川書店一九八七）である。これは谷川士清著『倭訓栞』（一七七七〜一八八七年刊）の「直《すぐ》に生ふるも故に名とするよし」を倣ったものである。

4「ただ上へ進みのぼる木であるところからススミキ（進木）の義」は、本居宣長著の『古事記伝』（一八二二）である。

5「ススミキ（進木）の略だ」は、永田直行著の『菊池俗言考』（一八五四年自序）である

6「直に生えるところからスギケミの反だ」は、『名語記』（成立年未詳）である。

7「スは痩清の義で、ギは木の意味で、細く痩せて真っすぐ上にのびるから」は、『箋注和名抄』（『和名抄』の注釈書）である。

８「称美の語サキ（幸）の転だ」は、本寂著『和語私憶抄』（一七八九）である。

以上八つの説のうち最も支持されているのが、「直《すぐ》な木との義だ」する説であり、スギに関する書物も多くはこの説によっている。俳人たちもスギの木が真っすぐに伸びることを理解して、次のように詠む。

杉は直雑木は曲に寒明ける　益永孝元

北山の杉真直や春時雨　佳藤木まさ女

梅雨に入る杉直幹の男振り　増子京子

私も長年国有林でスギなどの育成に関わって、スギの植林やスギ林の収穫調査、丸太にしたものなどを扱ってきたので、スギが真っすぐに成長することはよく理解しており、この説を九〇パーセント程度は支持できる。

スギの割板をソギイタという

スギがただ真っすぐに伸びる木だから、その名としたとするのは、あまりにも単純すぎる感じがする。スギと同じような場所では、幹が真っすぐに成長する針葉樹にヒノキ、コウヤマキ、モミ、ツガ、カヤなどがあり、スギと同様にきわめて有用な樹木である。したがってこれらの樹種とスギとを、何かで区別することが必要であったと思われる。スギという命名もその一つであるが、スギという樹木名命名以前の樹木を区別するときの理由である。

「真っすぐに伸びる木」という外見上の特徴以外に、スギのもつ加工上の特性についても注目する必要があろう。というのは、スギはよく縦に割れるので、板をつくるのに最適の樹種であった。作られる物は「枌《そぎ》板《いた》」と呼ばれる薄い板で、古い時代にはソキイタと清音でよばれた。のちにはソギタともいわれた。枌板はまた略して枌《そぎ》ともいう。

「枌」の漢字は、中国では広葉樹のシロニレ（白楡）のことで、倭では「屋根を葺く小片板の称」だと『和漢三才図会』（寺島良安著　一七一二年自序）は記している。枌の字をソギと訓《よむ》のは、完全に日本よみである。考えるに、ソギは木を割って、つまり木を二つに分けて作ることから、偏が「木」で旁が「分」になっているこの字を採用したのであろう。

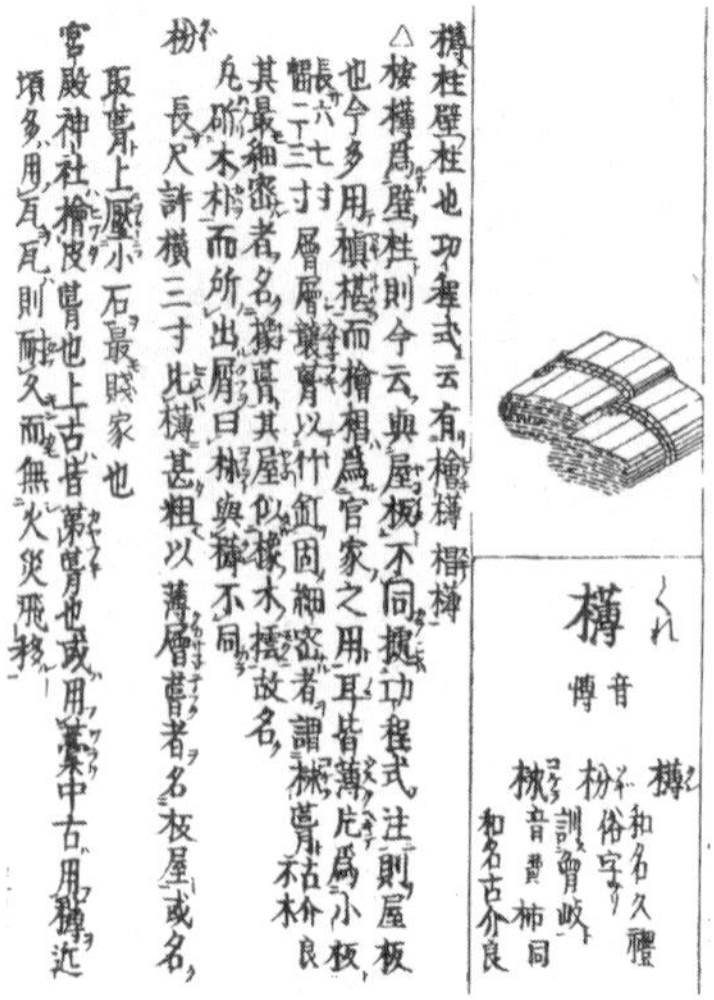

枌（『和漢三才図会』）

当時どのような名称を使っていたのかは不明であるが、弥生時代の代表的遺跡である静岡市の登呂遺跡では水田の畦畔をたくさんのスギ割板で作っており、伊豆の山木遺跡では住居などの建物の横板としてここでも大量のスギ割板が出土している。二つの遺跡での割板は、スギの独断場であった。

スギの枌板は、屋根葺きや壁などに使われたことが、『万葉集』巻第十一の次の歌に示されている。

　そき板もちふける板目のあわせずはいかにせむとかわが宿《ね》始《そ》めけむ（二六五〇）

新築した家の屋根をそき板で葺いたが、その板目を合わせることができなかったら、どのような工夫をすれば、この家ではじめて寝ることができるのだろうか、という意味である。万葉時代以降もスギ板で屋根を葺いていたことは、平安時代後期の勅撰和歌集の一つの『後拾遺和歌集』（一〇八六年撰進）の冬の部に収められた大江公資の歌が示している。

　杉の板をまばらにふけるねやの上におどろくばかりあられ降るらし（三九九）

杉板葺きの屋根に、びっくりするほどの音をたてて霰がふる様子が描写されている。

枌という文字は使われていないが、奈良時代に枌板が用いられていたことが、前に触れた『日本林制史資料　豊臣時代以前』に収録された「正倉院文書」にみられるが、蘇岐板《そぎいた》と万葉仮名で記されている。「正倉院文書　続修三十六裏」の天平宝字六年（七六二）閏十二月の用貳千参伯壹の条《くだり》には、

　蘇岐板一百枚　准榲榑十四材　材と為し目録に入れる

このほかに『角川古語大辞典』には、「正倉院文書」の天平宝字六年二月八日の「其の作るところの扉一枚、温舟橋井に蘇岐等」と同七年五月六日の「蘇岐板一百枚」を初出例として掲げている。

スギ語源の有岡新説

スギの割板は枌板とよばれるように、スギ材はよく割れた。枌板は清音でソキイタとよばれたが、清音は古い日本語の発音である。木を割ることは、木口《こくち》に強い力を瞬間的に加えて、ヒビを入らせて、そこから自然と分かれる状態にすることである。

よく割れるスギであるが、ことに天然に育ったスギは木口に斧を振り下ろしただけで簡単に割れ、板や角材が取れることを、昭和二年（一九二七）に秋田県で生まれた大工職人の菊池修一はその著『木の国職人譚』（影書房　一九九六）のなかで次のようにいう。

杉というのは建築材として確かにいい木だと思いますね。広葉樹でも使えますけれど、やはり針葉樹の杉が一番ですな。十二尺の角をとるのに、マサカリをひとつぶっつければ、ちゃんとまっすぐに割れるですよ。ノコで挽かなくても。昔は板だってそうやってマサカリで割って作ったもんですよ。（中略）木口にマサカリをぶっつけただけでまっすぐに割れる木なんてものは、これは節のない天然杉ですからね。

一二尺（三・六メートル）の長さの角材を採るのもマサカリ一つで、簡単に一発で割れると菊池のいうスギは、秋田県北部産の天然木の秋田杉のことである。弥生時代初期には静岡県の登呂遺跡や山木遺跡にみられるように、人里近くでもスギの天然木はたくさん生育していたのである。

そんなところから、スギは簡単にソキイタが取れる木、つまりソキイタノキと認識されるようになった。「スギイタ」と「ソキイタ」と声をだして言ってみると、その語感のなんと似通っていることであろうか。ソキイタノキは次第に短縮され省略され、イタが抜け落ちてソキとなった。さらにソキでは言いずらいので、キが濁音のギで発音されるようになり、ついにスギとなったというのが、有岡の仮説である。

『出雲国風土記』が、ふつうでは枌《そぎ》と訓《よ》まれる漢字を「枌《すぎ》」と訓んでいることと、『広辞苑』が「そぎ［枌］（古くは清音）」としていることがヒントとなった。

スギの語源説の一つとして、「ソギイタを作る木が短縮変化してスギとなった」という説を、有岡説として唱えておくことにする。

第四章
松はむかしの友

1 『魏志倭人伝』の松

『魏志倭人伝』には松がなぜないか

『魏志倭人伝』に記されている植物は、中国からの旅行者の目にとまった主なものであろうが日本で最もポピュラーな松がない。

実は『魏志倭人伝』という書物はない。通称『魏志』倭人伝といわれているのは、古代中国の晋（二八〇〜三一六）の陳寿《ちんじゅ》が撰した『三国志』の一つである『魏志』巻三十・東夷伝・倭人の条《くだり》をさしている。日本古代史に関する最古の史料である。

海中の岩場に生きる松

松は、砂浜や崖、島、岩山などを生活の本拠としている樹木で、およそ一八〇〇年前の『魏志倭人伝』の当時、島づたいに、海を渡って日本にやってくる大陸の人びとが、松を目にしないことはあり得ない。ことに、古代の中国では、東方の海中に、蓬萊《ほうらい》という俗人の行くことができない聖地があり、その蓬萊には木の中の仙人である松が茂っていると考えられていた。

『史記』（中国の前漢時代に司馬遷が著作した黄帝から前漢の武帝までのことを記した伝記体の史書）の中に、蓬莱は渤海《ぼっかい》中にあるが未だ誰もたどりついたものがない、不死の薬があり、ここに住む仙人は松の実をたべて三百歳の長寿を保つ、と述べられている。だから、大陸をはなれ、東へとすすむ船から、海中に浮かぶ松の茂った島を見逃すことはほとんどないと考えられる。

大陸との交通路にあたる九州北西部の五島列島から対馬、壱岐にかけて、松の生育している小島は多い。それなのに、なぜ『魏志倭人伝』に松がないのか。この疑問が、自分なりに『魏志倭人伝』の植物名を見直してみるきっかけとなった。

『魏志倭人伝』植物の従来の読み方

原書の影印は、岩波文庫の石原道博編訳『新訂　魏志倭人伝』（一九八七　第四七刷）によった。これまで通説とされている前掲の石原道博の訳と、苅住昇の「耶馬台国植生考」（雑誌『林業技術　第三三四号』日本林業技術協会）の説を次に掲げる。

◎『魏志倭人伝』の植物名の読み方

魏志倭人伝の文字　　石原道博の植物名　　苅住昇の植物名

柟	クス	タブノキ
杼	トチ	コナラ
豫樟	クスノキ	クスノキ
楺	ボケ	クサボケ
櫪	クリギ	クヌギ
投	柀？　スギ又はカヤ	カヤノキ
橿	カシ	カシ類
烏號	ヤマグワ	カガツガユ
楓香	オカツラ	カエデ類
篠	シノ	ササ類
簳	ヤダケ	矢に用いるササ類
桃支	カズラダケ	ショロ類
薑	ショウガ	ショウガ
橘	タチバナ	タチバナ
椒	サンショウ	サンショウ

蘘荷　　　ミョウガ　　　ミョウガ

苅住は、これらの樹種はいずれも照葉樹林の森林植生に属していて、地理的には九州地方が最もふさわしいという。

二人の学者の説からは松のにおいもないので、とりあえず二人が解釈した植物の自生地を表に取りまとめてみた。

石原・苅住両氏が読んだ植物の自生地

① 石原の読んだ植物

クス・クスノキ　本州の関東から沖縄。中国などに分布。
トチ　各地の山地。中国に分布なし。
ボケ　中国原産（古くに渡来）。
クリギ　栗だとすると、北海道西南から九州、朝鮮半島に自生。
スギ　本州に分布。九州は杉は植栽木で、自然分布はない。日本特産。
カヤ　日本の山地に自生。

カシ　本州の中部以南に分布。
ヤマグワ　本州の中部以南に分布。
オカツラ　楓《ふう》の古名をオカツラという。中国・台湾に分布。古くに渡来。
シノ　各地に分布。
ヤダケ　各地に分布。
カズラダケ　不詳。
ショウガ　熱帯アジア原産（日本には二六〇〇年前に渡来）。
タチバナ　食用柑橘類の総称。暖かな地方。
サンショウ　日本各地の山地に分布。中国に野生種なし。
ミョウガ　熱帯アジア原産。

②苅住の読んだ植物（石原と同種は省略）

タブノキ　本州から沖縄、朝鮮半島南部、中国に分布。
コナラ　日本各地の山地。
クサボケ　本州、四国、九州の山地。
クヌギ　本州から沖縄、朝鮮半島、中国、北インドシナ、ネパールに分布。

カガツガユ　暖かな地方。
カエデ類　本州、四国、九州、中国の山地。
ササ類　各地の山野。
シュロ類　不詳。

石原・莇住両氏の解釈した植物の自生地は、表のようにその範囲は温帯から亜熱帯まで広がった。樹木も高木から低木まである。他の植生と混生して生育している樹種がある。オカツラやカガツガユなどのように、よほど植物の知識のある人か、その樹木に興味のある人でなければ同定（生物の分類上の所属を決定すること）できない種もあった。

仮に九州地方の植生であったとしても、これらの樹木以外、針葉樹の樅《もみ》、栂《つが》、広葉樹の椎《しい》、椿など、この地方を代表する特徴ある樹木は多い。『魏志倭人伝』に植物名を記す際、あるルールに基づいて選択していることはまちがいない。

そのルールはなにか。

諸橋轍次著『大漢和辞典』（大修館書店）から一字一字読み方を調べていった。よみ方は、『魏志倭人伝』の著わされた西暦二〇〇年代の解釈とすべきと考え、大漢和辞典にとられている解釈のうち、西暦一〇〇年頃後漢の許慎《きょしん》が撰した『説文解字』（略して「説文」とよばれている）の説を採用した。説文に解釈がないものは、なるべく『魏志倭人伝』著作年代にちかい文献の解釈をとった。

「説文」の解釈の読み方

最初の枏《ダン》から解釈が異なり、びっくりした。

枏を石原はクス、苅住はタブノキとしているが、説文は解釈を「梅、梅也」としており、枏は『字彙《じい》』（中国の明代に梅膺祚《ばいようそ》が編集した字書）で「枏、俗枏字」とあった。つまり、枏は俗に（俗字として）書けば枏という字になり、それは「梅、ウメ」をさしているのである。

つぎに杼《シ》は、説文では「李、杼、古文」とされ、李《すもも》の古い字だという。石原も苅住も杼を杼《チョ》とよんでいるが、原書影印は「杼」になっている。杼か杼なのか、旁の予のマが決め手となるので、原書ではおなじ旁がどう書かれているか探したところ、橘、豫、楺、序の四字がみつかった。四字とも活字ではマとされる旁の部分はすべて「コ」とあらわされているところから、杼ではなく杼と解するのが適当と考えた。したがって、杼は李とよんだ。

豫樟《ヨショウ》は、クスノキである。中国ではクスノキを敬してみだりに伐採しないので、各地に大木があるという。『戦国策』（漢の劉向編、中国の戦国時代の縦横家が諸侯に述べた策略を国別に集めた書）「宋策」に、「荊

島名が歌枕として知られる宮城県松島町の雄島。右に見える赤い渡月橋は東北地方太平洋沖地震によって流失し、2013年7月に再建された

丹後国の名所「天の橋立」
（歌川広重『六十余州名所図会』ボストン美術館）

これで「其木有」以下十五文字をよみ終わった。

整理すると「その木に、ウメ、スモモ、クスノキあり。木を曲げ、指ひしぎとする。フウの木でカラスが鳴くので鋤の柄を投げつける」となり、樹木は四種類であった。

「其竹篠簳」の篠はシノダケ、簳はヤダケ。

つづく桃支は竹ではない。竹の名まえのときは桃枝とされ、桃枝竹のことをいう。『竹譜《ちくふ》』（中国の古い書、成立年代など不詳）には、「桃枝、皮赤編之滑勁、可以為蓆」とあって、桃枝竹は皮が赤く編んで蓆《むしろ》をつくるという。

桃《トウ》は、説文は「桃、桃果也」としており、モモの実のことである。モモは、中国では『荊楚歳時記』（中国の梁の宋懍の撰で、湖北・湖南地方の年中行事などを記した書。六世紀成る）に「桃五行之精、厭伏邪気制百鬼」と記されているように、古くから邪気・悪鬼を払う霊力があると信じられていた果物で、中国北部原産、八珍菓の一つとして栽培されている。

支《シ》は、説文では「支、去竹之枝也」として、ばらばらに切り離すことを意味すると説明されている。説文の説明に依拠することでよみはじめたが、モモの実をばらばらに切り離しては竹とつながらない。支には、説文の意以外に、わかれる、はなれる、枝、ささえる、ささえ、たもつ、のせる、たえる、ふせぐ等、その意味するところは数多い。その一つ、たもつは『玉篇《ぎょくへん》』（中国の南北朝時代に、梁の顧野王によって編纂された部首別の漢字字典）に「支、持也」とあり、『広韻《こういん》』（中国の北宋の大中祥符元年（一〇〇八）に陳彭年らが作った韻書）では「支、支持也」とされている。このよみを採用すると、モモを支えるとよめる。

竹の部分を整理すると、「その竹、シノダケ、ヤダケでモモの実を支える」となる。

おわりの薑《キョウ》はショウガ、橘《キツ》はタチバナ、椒《ショウ》はサンショウ、蘘荷《ジョウカ》はミョウガをさしており、石原・苅住両氏のよみかた通りである。

そして『魏志倭人伝』は「不知以為滋味」と述べ、ショウガ、タチバナ、サンショウ、ミョウガが生育しているけれども、これらの品々をつかって、味の良い食べ物を作ることを知らない、と食べ物文化の王者は評したのである。

ここで、よみ解いたものを整理すると、樹木ではウメ、スモモ、クスノキ、フウ、モモ、タチバナ、サンショウ、竹は弓の矢となる小竹のシノダケとヤダケ、草本はショウガとミョウガである。

中国にもある食用・薬用植物であった

全く思いがけないことに、フウを除けばどの植物をとっても、西日本の農村でいまも見かけることのできるものばかりとなった。鎮守の森のクスノキ、川岸の小竹類、畑にはウメ、スモモ、モモ、ショウ

江戸末期に描かれた黒松（上）と赤松（下）の図
（岩崎灌園『本草図譜』文政11年完成、田安家旧蔵の写本、国立国会図書館）

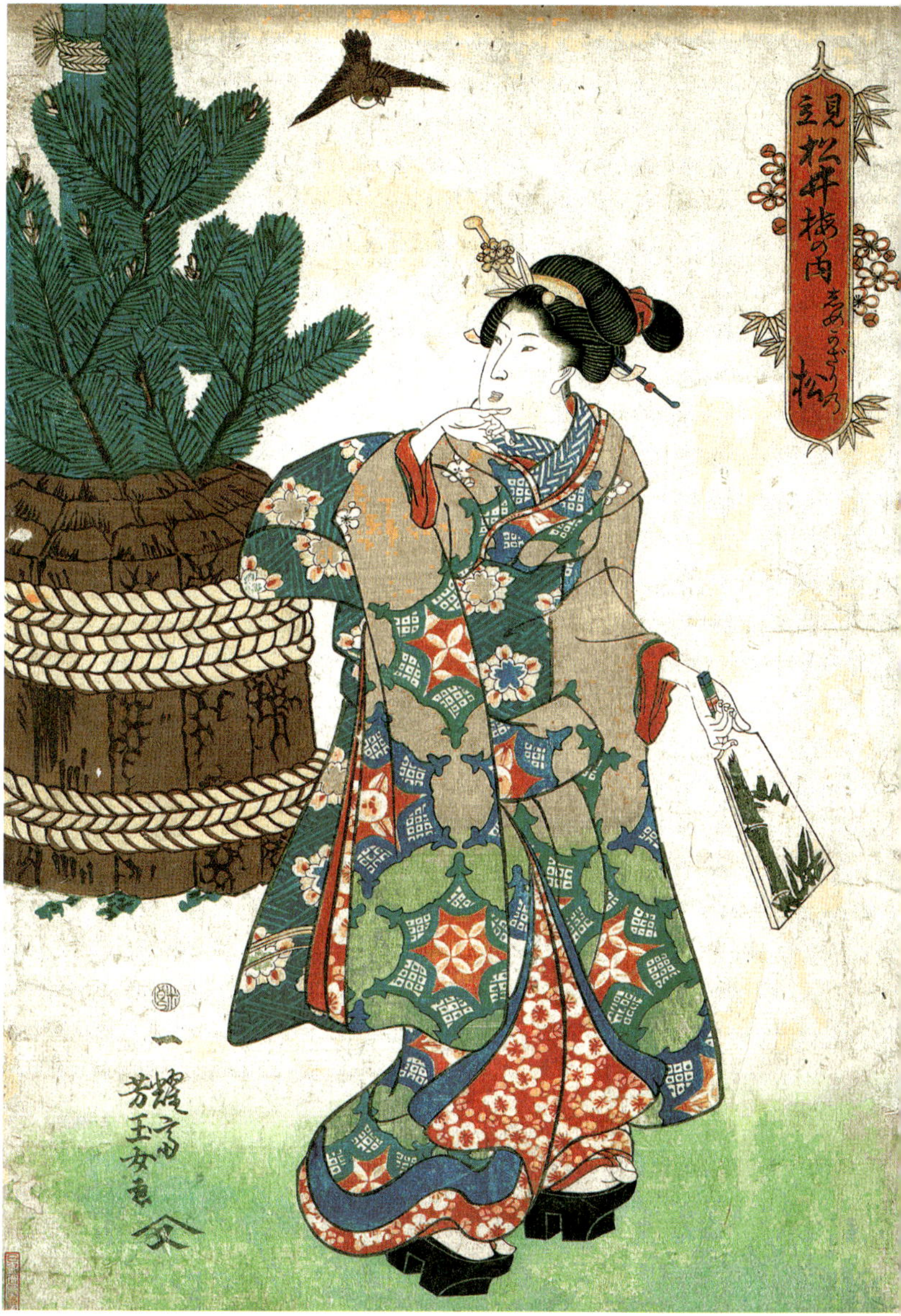

目出度いものとされる松竹梅を描き込んだ浮世絵
（歌川芳玉『見立松竹梅の内　しめかざりの松』 都立中央図書館特別文庫室）

ガがあって、屋敷うちにはサンショウ、ミョウガが植えられている。

これらの植物の自生している地域と、現在どんな利用のされかたをしているのか、『牧野新植物図鑑』（北隆館　一九六一）等から抜き出してみた。植物の利用法は、古代も現代もほとんど変わることはないからである。

『魏志倭人伝』の植物の自生地と利用法（有岡解読分）

ウメ　中国原産の落葉高木。実はシソと混ぜて、塩漬けして食用とする。生の果実を薫《ふす》べて、薬用とする。

スモモ　中国原産の落葉高木。実は完熟すると甘く、生で果物とする。

モモ　中国原産の落葉低木または小型高木。葉は民間薬となる。実は重要な果物。

クスノキ　中国・日本の各地の暖地に自生する常緑高木。樟脳をとり薬用とする。材から各種の器具を作る。

フウ　台湾・中国に自生する落葉高木。樹脂は芳香あり、民間薬とする。材は建築用材など各種の器具を作る。

タチバナ　中国・日本の暖かい地方に栽培されている常緑高木。実は果実として食用。

サンショウ　中国・日本の各地の山地に生えるが、通常人家の近くに植えられる落葉高木。若い葉を食用、果実は薬用または香味料とする。
ショウガ　熱帯アジア原産。今は世界的に広く栽培される多年生草本。根茎は食用及び薬用とされる。
ミョウガ　熱帯アジア原産。今は広く人家に栽培されている多年生草本。花序と若芽は食用とされる。
シノダケ・ヤダケ　日本の各地に産する小竹。弓の矢に使われる。

このように整理してみて、『魏志倭人伝』の植物の特徴がはっきりとした。竹を除く植物は、食べられるか、薬用とされるものであった。いずれも中国に自生しており、どの木も名木として人々に親しまれ、敬われているもので、中国の人がみればすぐに名前を思い浮かべられる植物であった。

報告書を書く場合の方法論の一つに、報告者の住む地域と同じレベルであるか否かを、事例をあげて述べるものがあるが、まさにその方法がここでは用いられていた。

古代中国は、中華思想にみられるように、文化・文明の総本家であるとの意識が強く、自らの文化の浸透度合いでその国を評価した。『魏志倭人伝』の編著者もその例にもれず、倭国に生育している植物の代表的なものをピックアップしたのではなく、倭人に中国文化がどの程度まで行き渡っているかを判定する尺度として、中国人自らが敬愛している代表的樹木のウメ・スモモ・クスノキ等の有無を調べたというのが、最も理屈が通りそうだ。

そしてそれらの樹木はあったが、カラスに鋤の柄を投げつけたり、料理の味付けによい材料となるショウガやミョウガはあるけれど、活用することはしらないと、倭人の野蛮ぶりをけなしたのである。

『魏志倭人伝』に松のないことを調べ始めたのであるが、意外な結果となった。これまでは『魏志倭人伝』に記されている植物は自然植生であり、照葉樹林帯を代表するものだと論議されてきたが、解読してみると栽培植物かあるいは半栽培植物となった。したがって『魏志倭人伝』の編著者は、松が倭国にあるかどうかについての関心は全くなかったといえるであろう。

松の化石が出土

近年、松くい虫被害（正しくはマツノザイセンチュウによる被害）で、身近なところに生育する松が少なくなっているので、松と日本文化との関わりについての論議はほとんどなくなった。昭和年代には、『魏志倭人伝』の「其木有」の記述の中に、松が入っていないことをもって、縄文時代の日本には松は存在していなかったとの極論を述べる人もいた。

筆者が『魏志倭人伝』をよみ解き発表したのは平成三年（一九九一）のことであるが、それ以前は前に述べた石原・苅住両氏のよみ方が活用されていた。そのよみ方でも、照葉樹林の代表的な樹木であるモミ・ツガ・ツバキ等が述べられていないけれど、これらの樹木が縄文時代にはなかったとはいわない。

マツ科の樹木は、約一億五〇〇〇万年前にアジア大陸と北アメリカ大陸が接するあたりで発生し、北極を取り囲むように分布する周極植物なので、早い時期に日本列島には進出していたはずである。しかし、化石が発見されていなかったので、いつごろから松が日本列島で生育していたかは不詳のままであった。

松の化石はいくつか発見されていたのであるが、その化石がいつ存在していたのかという年代が突き止められていなかったのだ。

平成二十六年（二〇一四）一月二十五日付の朝日新聞は、「クロマツ日本に二七〇万年前にニョキ」との見出しで、クロマツの化石の年代調査が行なわれたことを報道した。金沢大学と大阪市立自然史博物館の研究チームが、化石の年代調査で突き止め同年一月二十四日に発表したのである。その内容をすこし長いが引用する。

クロマツの化石は日本以外では見つかった報告はない。研究チームは、同博物館に所蔵されている島根県や三重県など二八ヶ所で採取された化石の年代を調べ、クロマツは約二七〇万年前に出現したと推定。さらに、葉の中の松ヤニの通り道の配置が「フジイマツ」という絶滅種と非常に似ていることを発見した。

フジイマツは化石の年代調査から、日本列島がユーラシア大陸と分かれつつあった約一七〇〇万年前に出現したが、クロマツが出現した二七〇万年前に絶滅したと推定。このころは地球全体が寒冷化していた時期にあたる。研究チームは、約一七〇〇万年前に大陸側から移ってきたフジイマツが寒さで絶滅していく中で、クロマツが分かれて出現したとしている。

このように縄文時代のはるか以前から、日本列島に松が生育していたことが、化石という物的証拠がしめされたので、もう誰も縄文時代には「松はなかった」とはいわないと思う。

2　松が育んだ日本人の気質

中国における松の思想

「松」とはわが国の代表的な樹木であるマツ科二葉松のアカマツとクロマツの総称であるが、同時に単に「松」といっただけでは樹木と離れた意味で「めでたいこと」の譬《たと》えともなる。それは松が長生きで、さらに一年中、青々とした緑の変えず保ち続けるところから、節操、長寿、繁茂などに譬えられるからである。

わが国では松の名を、千代木、豊喜草《とよきぐさ》、延喜草《えんぎぐさ》、百草、翁草《おきなぐさ》、常盤草《ときわぐさ》、初代草《はつよぐさ》、神代草《かみよぐさ》などと、古い時代から優美で目出度い言葉でよび、縁起のいい樹木の第一にあげている。

このように松を縁起のいい樹木とすることは、中国から伝わってきた思想である。

中国では、松は山の絶巓《ぜってん》（山の絶頂。いただき）に生育している陽木であるところから、位が高く、長寿でめでたい樹木とされてきた。秦の始皇帝が紀元前二一九年に泰山《たいざん》（一五二四メートル）で封禅《ほうぜん》の儀式を済ませての帰途、暴風雨にあって大木の松の樹下で雨宿りをし、難を逃れたことから、その松に太夫（五位にあたる官位）の爵位を授けたことも、松が優れた吉兆の樹木であると評価されていることに基づくものであろう。

なお泰山は、中国の名山で、山東省泰安の北方にあり、古来天子がここに諸侯を会し、しばしば封禅の儀式をおこなった。封《ほう》禅《ぜん》とは、中国古代に天子がおこなった祭祀のことをいう。封は泰山の山頂に土壇をつくって天を祭ることで、禅は泰山のふもとの小丘（梁父山）で地をはらい山川を祀ることをいう。

北宋の政治家である王安石（唐宋八大家の一）はその松を、「松柏をもって百木の長となす」と、松と柏《ビャクシン》（コノテガシワともいう）の二木が、沢山ある樹木のなかで最も優れていると述べる。そして中国・春秋時代の学者で思想家の孔子（儒家の祖）は、松柏は厳冬にも針葉の緑を保ち続け、艱難に堪えて堅く節操をまもることから『論語』のなかで、「歳寒くして、然る後に松柏の凋《しぼ》むに後《おく》るることを知るなり」という。中国・戦国時代の思想家の荀子《じゅんし》（著書に性善説を唱えた『荀子』がある）は、

歳寒からざれば以て松を知ることなく
事堅からざれば以て君子を知ることなし

秦の始皇帝が五本の松を五大夫に封じたという故事を描いた「五松図」
（李鱓、清時代、東京国立博物館）

萬山雪深うして鬱として寒を凌ぎ
萎《しお》れるざるの貞心をみる

このように孔子と同じく、霜雪の時期に至って他の木々が葉を落とした林内に、ひとり緑の葉を繁らせる松の神髄と、時期の到来により、いよいよ節義があらわれる君子の気迫を称え嘆賞している。

また中国の人々は「夫《そ》れ尭舜《ぎょうしゅん》は天に命を享《う》け、松柏は命を地に享く、国に松のあること尭舜の如し」と松を絶賛する。これは松が母なる大地からの指図により、悪条件の山地に生え、その生きざまを人に知らしめている姿だ、という意味であろう。なお尭舜とは、尭は中国の古伝説上の聖王であり、舜と並んで中国の理想的帝王とされる。舜は中国の古代説話にみえる五帝の一人で、尭の娘を妃とし、尭の没後帝位につき、天下は大いに治まった。

抱朴子《ほうぼくし》（晋の葛洪の号であり、その著書名でもある。内編は神仙の法を説き、外編は道徳・政治を論ずる）は「天陵の偃蓋《えんがい》の松はその長きこと天に斉《ひと》しく、その久しきこと地に等しい」と、松の樹高は天と同じくらいに高く、齢が長いことはいつ生まれたとも知れぬ大地に等しいと、松の齢の長久を述べた。松の寿命は千年ともいわれていることからきた言葉である。

このような中国における松の思想が、飛鳥時代以降、渡来する人々の活動や、彼の国への留学、あるいは文物を輸入することにともなって、日本に入り込んできた。中国の政治体制である律令制の導入という日本の政治体制もさることながら、文化面でも日本は中国思想の影響を大きくうけ、詩歌や物語にそのことが盛り込まれていくのである。

日本人が大陸の人々の松に寄せる想いを自らの思想のなかに取り入れた背景には、律令体制がとられた近江朝時代すでに都をはじめとした各地の集落近辺の里山では松林が成立していた。また、遠国へ往来する船の寄港する浜には松原が成立していたこともあって、人々は直接的に松と関わりをもち、松そのものをよく観察して、生態を理解していたこともあげられるであろう。

春日大社の影向松

神仏と松

日本産のアカマツ・クロマツは、春先に伸長させた新梢の新葉を翌年の秋まで保持し、翌年の新葉とともに夏の生育期に活動し、一年のうちの生育停滞期がはじまる秋に古い葉を落とすという性質をもっている。そのため、みずみずしい葉っぱを永続的に保持しているようにみえる。常に緑葉をもつことから、神がこの樹に宿ることができる依代、めでたい瑞木の第一にあげられてきた。

一年の始まりの正月には歳神を迎えるため、まず門先に門松をたてることからいっても、神と松の結びつきは深い。神と松との結びつきを示すものに、仏神が松樹に影向《ようごう》することがまず第一にあげられる。影向は、神仏が一時姿を現すことで、神仏の来臨のことをいう。

影向の松は各地にたくさんあるが、殊によく知られている松樹は奈良・春日大社の境内にある影向松である。春日大社の一の鳥居の傍らにあるこの松樹には、年末の深夜に行なわれる祭礼のとき、春日大社若宮の神が影向される。この神は強烈な祟り神だという。神事はこの影向松の下で執り行なわれ、お旅所をはじめ、なにもかも松づくしで造られる。さらに影向松の周囲には「松はやし」が植えられる。若宮の神を慰めるため、平安時代からの芸能が一節ずつ演じられる。

松の樹の下で芸能を演じることが、秀吉の伏見城造営構想にひきつがれ、築城とともにつくられた能舞台正面にこの春日大社の影向松が描きこまれた。これが能舞台の鏡松《かがみまつ》のはじまりである。

能舞台に描かれた鏡松

松という樹木は、神が一時的に姿を現すことができるに必要な清浄さを保つと同時に、魔を払う霊力をもつと考えられていた。そのため能舞台の鏡松は、能（物語）に現れる悪霊や精霊が演者あるいは観客たちに害を及ぼさないための防御《バリア》としたものではなかろか。

一方、神の方から神徳あるいは神威を表現するため、一夜のうちに松原を出現させたという伝説がある。福井県敦賀市の気比の松原は、気比神宮の神が、大陸から侵入軍が押し寄せてきたので、国土を守るため一夜大地がうなり、松原を出現させたと伝えられている。京都市の北野天満宮は、天満天神（菅原道真の霊）が祀られる場所を示すため、神人の子供に小松の生えた場所を教えたという。天神様の神木は梅とされているが、はじめの神木は松であった。

また松は死者に対しても霊力を発揮すると考えられていた。人が死ぬと縁者たちは、死者が次にこの世に出生してくるときは、よりよいところへ転生できるようにと、墓地や塚に松を植えてきた。墓松は、平安時代に描かれた聖衆来迎寺（滋賀県大津市比叡辻）の「六道絵」や「餓鬼草紙」（十二世紀後半製作の絵巻）などにみられるばかりでなく、現

塚に植えられた松（『餓鬼草紙』東京国立博物館）

在でも石川県や富山県などの浄土真宗などの墓地にみることができる。

禅宗と松との関係も深く、禅寺の境内には松の大木が多い。禅僧たちは、この松の梢に当たる風がたてる松籟《しょうらい》を聴き、心を澄まし、悟りに至ろうと修行に励む。鎌倉時代に禅僧の如拙《にょせつ》や雪舟などがはじめた水墨画山水図は風景画でありながら、画面の前景は松の樹で占められている。描かれた松の姿は、禅僧の心の境地を現している、ともいわれる。

また松籟は松風、松韻、松聲ともよばれているが、これを聴くことは奈良時代に中国からもたらされたが、日本でさらに磨きがかけられた。あらゆる樹木は、風がふくたびに葉音をたてるが、楠風とも桜風ともいわない。松に吹き付ける風は、松葉同士を打ち付けあって、さわやかな音をあげる。松風は古来から琴《きん》の音とも聴かれ、琴の演奏中に松風が合奏に加わってくると、「琴の音に峰の松風かよふなり……」（『拾遺和歌集』）などと和歌に詠まれた。

雪舟『四季山水図のうち冬景』
（東京国立博物館）

後白河法皇が編まれた『梁塵秘抄』に、「琴の音を聴きたくば北の山に松を植えよ」とあるように、日本人は松風の音を楽しみ、松風によって季節の変化を悟って対処してきたのである。

めでたさと松

めでたい瑞松《ずいしょう》として名高いものに、高砂松と尾上松がある。この二つの松は、日本における瑞木のトップといっていいだろう。『古今和歌集』序に、「高砂・住吉の松はあいおいの様におぼへ」と書かれたことから、人々によく知られるようになった。

「あいおい」とは相生のことで、雄松《クロマツ》と雌松《アカマツ》が根元の部分で合体し、上部は雄松と雌松の二つに分かれそれぞれの樹種の特徴を現しながら生育している松樹のことをいう。雄と雌の松が根元で合体しているところから、相生の松は男女合体・夫婦和合の姿を表現しているものとされた。さらに神の宿る瑞木であることから、縁起のいいものともてはやされたのである。同時に、緑の色を一年中保ち続ける松の葉の永遠性と結びついた不老長寿の思想によって、相生の松の神秘性が認められ、最上級の慶祝歓喜を意味するものになっていったのである。

妹も我もなれてよはひは高砂の松に千歳を猶だ契らむ　　本居宣長

江戸時代の名高い学者の本居宣長も、相生の松のある高砂神社（兵庫県高砂市高砂町）を訪れ、このような歌を詠んでいる。彼もまた妻とともに、高砂の相生の松の長寿にあやかりたかったのであろう。

平安時代に正月行事とされた子《ね》の日の小松引きも、松と長寿が結びついたものの一つである。

正月や祝い事などの慶事の際、松竹梅が飾られる。この異質の三種の植物は、中国では歳寒の三友といわれた。そしてこの組み合わせを中国では吉祥といった。酷寒の中でも葉の色を変えない松と竹、そして氷雪が貼りつく裸木にふくいくとした花を開き、春を告げる梅は古代の人々にとっては驚きで、畏敬の念をもってみつめられたことであろう。

松は長寿と家運の繁栄を現しており、子孫繁栄の竹と、君子の徳をもつ梅をあわせて、正月に飾ることによって家族の多幸と長寿、そして家の繁栄を祝ってきたのである。

常緑樹である松の葉の緑色は、植物が生育していくために欠くことのできない葉緑素・クロロフィルの色である。葉緑素は植物の生命維持の根源であるのだが、そのクロロフィルの構造と、人間の生命維持の根源であるヘモグロビンの構造とはほとんど一致しているという。それだから、人間は古い古い時代から、同一であった可能性の高い緑にあこがれ、常緑樹に長生・不老をみるのである。

松竹梅を描いた明時代の漆器（東京国立博物館）

松に捧げる祈り

わが国の古典とされる文学作品の『万葉集』『古事記』『日本書紀』『風土記』『懐風藻』『古今和歌集』などには、松の生態と松に対する人々の関わりが、みごとな表現で記述されている。

日本で詠われた最初の松の歌として知られた、『古事記』の倭建命《やまとたけるのみこと》の「尾張に直《ただ》に迎へる尾津の崎なる一つ松……」云々には、伊勢国（現在の三重県）北端の尾津崎に亭々と立つ一本松が記述されている。

その松の下で倭建命は休憩し、旅から帰途も無事にこの松を仰ぎみることができるようにと、魂ともいうべき太刀をこの松の木の下の道の神にお供えし、東国へと旅立ったのである。太刀をお供えされた一つ松の神の神徳はあらたかで、倭建命は東の国での激務を終わらせ、無事にこの松を再び仰ぎ見ることはできたのである。しかしながら東国での旅は、長旅のうえ、さらに強敵や魔物との戦いの連続で、体調は過労の極限状態であった。なつかしい故郷の倭へかえりつくことができず、途中で亡くなられるのである。

海辺に立つ美しい大木の松の樹と神の関わりについては、『万葉集』における有間皇子が詠う磐代《いわしろ》の結松の歌と、『常陸国風土記』の童女《うない》松原の物語がよく知られている。

有間皇子みずから傷みて松が枝を結ぶ歌二首

磐代の浜松が枝に引き結び真幸くあらばまたかへり見む（巻二―一四一）

孝徳天皇の皇子であった有間皇子は、謀反の疑いをかけられ、父の天皇が行幸されている紀の温湯へと連行された。その途中、磐代の浜の一つ松に、旅の途中なのでありあわせの椎の葉に盛った神饌をささげ、結松をして、この旅の無事を祈ったのである。

童女《うない》松原は、常陸国（現在の茨城県）鹿島浦の南端で、利根川河口付近にある松原である。ここで美男美女の若者が恋におち、夜通し語り合っているうちに夜が明けた。二人は人目に触れるのを愧じて、二本の大木の松樹と化したと伝えられている。神はこの世に現れ、日の出とともに消えるので、二人が化した松樹はもともとは神だったのではなかろうか。

松の名所を庭に取り込む

平安時代、はじめてつくられた勅撰和歌集の『古今和歌集』序に、「松の葉散りもせずして……」云々あることから、和歌のことを「松の言の葉」といわれるようになった。そして全国各地の松の繁る風光明媚なところは、名所として知られるようになった。しかし、松が生えた美しい景色だけでは名所とはいわれなかった。

「松の言の葉」といわれる和歌にその場所が詠まれることにより、「言霊《ことだま》」の霊力がはたらき、都の人たちが知るところとなって、名所すなはち歌枕となっていった。陸奥の松島、三保の松原、住吉の浜や丹後の天橋立などが、平安時代にはすでに名所として知られていた。名所とは、松林があり、和歌で詠われている景勝地であることが必須条件であった。

　大江山生野のみちのとほければまだふみもみず天のはし立て（『金葉集』雑上五五〇）

『小倉百人一首』にも採られている和泉式部の娘・小式部内侍のこの和歌は、神が天へと通うための梯子が倒れおちたといわれる丹後国（現在の京都府）の天橋立を、天下一の名所とした。余談であるが、この歌を収められている『金葉集』の長い詞書が有名である。それによると、作者小式部内侍の母で歌人として知られた和泉式部は、夫の藤原保昌とともに丹後国に下向していた。

陸奥国、松島の眺望図
（歌川広重『六十余州名所図会』）

都にいた小式部内侍は歌人として歌合に召されたが、四条中納言といわれた藤原定頼が宮中の局《つぼね》を訪ねて、「歌はどうされました。代作を頼みに丹後へ人を使わしましたか、文を持つ使いのものはまだ帰りませんか。さぞ心配でしょうね」と戯れたとき、定頼を引き留めて即座にこの歌を詠んだという。この歌の中心は、母和泉式部のいる丹後国への道筋にあたる大江山、生野、天橋立を順次詠みこんで、その距離の遠さを暗示し、さらに「いく野」、「ふみも見ず」の掛詞、「踏み」「橋」の縁語などをつかって、

即詠した点が賞賛されたのである。

天橋立は日本三景の一つで、宮津湾を横断して発達した白砂の砂嘴《さし》に、無数の松が生い茂り、南側の宮津から北側の丹後国一の宮の籠《この》神社へと海中の参道のように続く。信仰と名所が一致していった一つの事例である。

平安時代には、これらの景勝地を切り取って、わが庭に移した。寝殿造りという建築様式では必ず造られた庭園は、諸国の松の名所を縮小・模倣して造営された。また庭園につくられる池は海に、中島は道教でいうところの蓬莱島に喩えられ、中島には千年の寿命をもつとされる松が必ず植えられた。

住吉の高灯籠（長谷川貞信『浪花百景』）

『天橋立図』（雪舟、京都国立博物館）

江戸時代には、築山が蓬萊山に見立てられて、松が植えられるなど、座観式や回遊式庭園においても、常に松は日本庭園の中心となっていた。

また、庭園の立派なことを塀の外の人に見せびらかすことを目的とした見越松という植え方も考案された。見越松は庭が小さいと、塀の外に植えてもよいことになっていた。冠木《かぶき》門といわれる邸宅の門にかかっている松は、左右対称を嫌う日本人が、縁起のいい松を左右対称の工作物である門に添わせ、調和をくずすために工夫したものである。

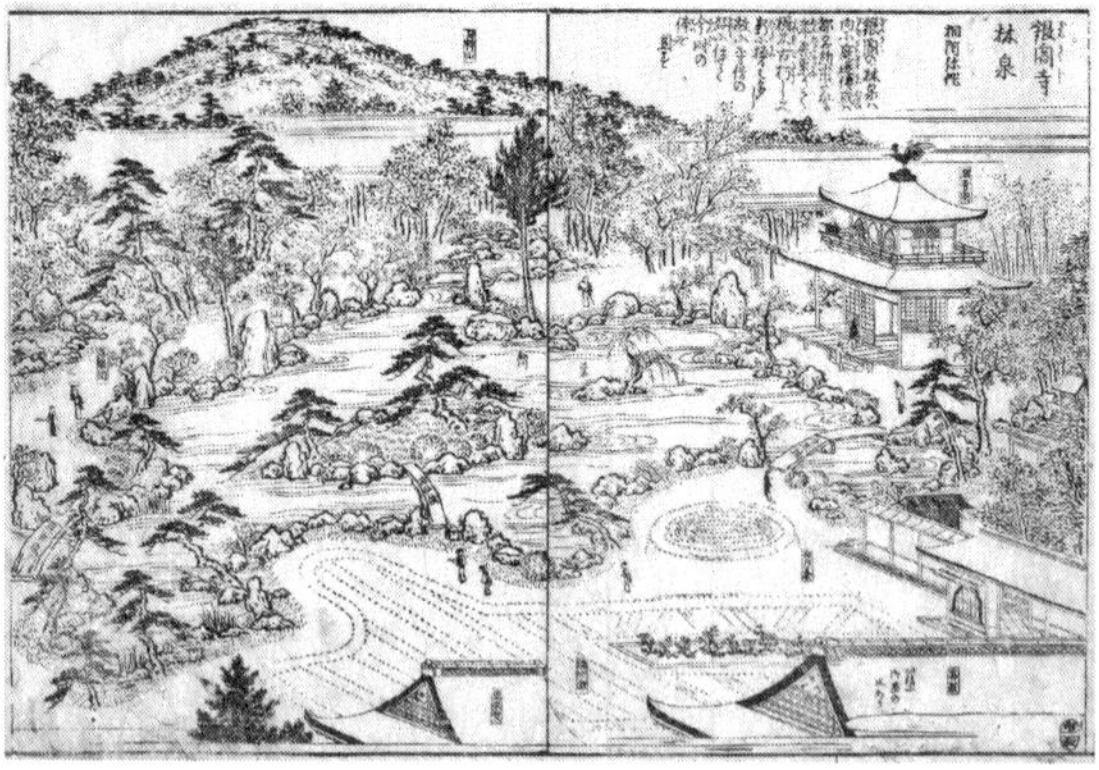

池中に蓬萊島が浮かぶ銀閣寺の庭園（『都林泉名勝図会』寛政11年）

冠木門にかかる松（広島市、縮景園）

松はどこにあっても、陽光を十分に受ければ良好に生育するので、立派な樹姿を保ち続けるためには、年々丁寧な手入れが必要で、庭木では最も経費の掛かる樹木である。そのため、立派な姿で手入れの行き届いた松の庭木を数多くもつことが、経済的に裕福である者のステータス・シンボルとなっていた。

里山の松林と日本人の性情

ここまで述べてきたことは、経済的・文化的に優位にたつ人たちの松に対する意識であるが、一方日本人の大多数をしめていた農民たちも、水が上から下へと流れるように、いつしかこれらの思想を受け入れていた。農民たちは、稲作農耕に伴った利用によって成立した里山の松林と、日常的に生活面で密接な付き合いをしてきたのである。

江戸時代に始まった俳句には、松のある庶民の生活が生き生きと詠まれている。

名月やたたみの上の松の影　其角
松風や軒をめぐりて秋くれぬ　芭蕉
線香の灰やこぼれて松の花　蕪村

また水田の稲と松林の景色は、日本の農山村風景の典型的なものであった。水田と松林でつくられた景色は、ちょっと見ただけでは何でもないが、その場所にながく佇んでいるとあたたかな母の懐に抱かれているようなやさしい情感にほだされる。

明治の地理学者の志賀重昂《しげたか》は、明治二十七年（一八九四）に発刊した『日本風景論』のなかで、「松や、松や、なんぞ民人の性情を感化するの偉大なる」と、松樹は国内のいたるところに存在し、日本人の気性をいつのまにか気付かぬままに養成してきた基本的なものであると評価し、日本人の性情はまま桜花をもってその代表とされるが、桜は日本人の精神の代表とすべきではない、と述べる。

さらに志賀は、その土地に生育する樹木はそこに住む人々に強い感化力を及ぼしており、日本人の精神を感化してきた松に比べられるものはイギリス人にとってのカシワ、フランス人にとってのカラマツであるといい、その意味からいっても日本人は「松国」であると結論付ける。

松は他の樹木が生育できないような、痩せ地や岩場、乾燥地または過湿地に生育できる忍耐強さをもつ。海岸部では、海からの潮風に枝葉をなびかせ、老木になると幹は蟠曲《ばんきょく》し、枝ぶりの面白い、雅味深い磯馴松《そなれまつ》となる。

しかし、一旦海が荒れて高潮となったとき、あるいは津波が襲ってきたときは、幹も葉も枝も全木でこれらのエネルギーを受け止めて軽減し、後背地をこれらの被害から守る。このような松の生活と、戦前までの日本人の姿をそっくり重ね合わせることができよう。

戦後、日本経済の発展にともなう労働力を担うため、都市へ出てきた人々が、帰郷して「心を休める」

ことのできる景色は、里山の松林と稲田が複合した景色であった。植物の緑は心を静め、目の疲れを回復する。さらに松が発散する物質は、肺疾患の特効薬として定評があるように、人の健康保持に貢献してきた。

むかしから松林で仕事をする人に、病気なしといわれた。このような松林の効用により、都会で痛めつけられた心身の健康は回復し、再び都会における経済戦争に出かけたのである。日本経済発展の最も基礎部分を担う労働者が、全身で感じ取っていたものは「ふるさと」の松林だったのである。

しかし近年の経済大発展とともに、千数百年にわたって付き合ってきた松を、日本人は見捨てた。松くい虫（正確にはマツノザイセンチュウ病）で松が大量枯死し、天下の名松も、京都の嵐山のような松の名所の景色をつくる松も、はたまた「兎追いしかの山」の松も枯れ果てて、里山は広葉樹林へと変貌し、かつての日本的な風景は大きく様変わりした。稲作農耕の衰退と一致した現象である。

このことは、何を物語るのか。「松はむかしの友」ではなくなったのである。松に育まれた日本人の性情も、大きく変わりつつあるように思われる。

3　日本人と松の交流

「平成七年の阪神淡路大震災で更地になった土地に、毎年秋になると残っていた松の手入れのため庭師が入った。高い黒塀に囲まれた庭の手入れされた松の間に最近、みごとな日本家屋が完成し、芦屋川沿いの景色にとけこんだ」

と、俳人の稲畑汀子は平成十七年一月十三日付の朝日新聞の投書欄に「震災一〇年の思い」として記している。

阪神淡路大震災は、都市直下型の地震で神戸や淡路島などに大被害をもたらせた。ところが芦屋市の住民のなかには、震災で自宅が破壊されても、庭に育てている松樹の手入れを忘れなかったほど、日本人と松は深い結びつきをもっていることが示されている文章である。

松は弥生時代から繁栄

アジア大陸の東辺を飾る花づなのように南北に細長く連なる日本列島は、東の太平洋側にも西の大陸側にも暖流が流れ、実に豊かな植物相をもっている。数多い樹木のなかでも松は特に日本人に好まれ、もっとも良く知られている樹木で、日常生活と密着した樹木であった。

マツ科の植物は約一億五〇〇〇万年前、アジア大陸と北アメリカ大陸を隔てているベーリング海峡が陸地だったとき、その陸地で生まれ、地史的な年月のなかで数多くの種に分かれ、北半球のほとんどの地域を自生地としている。日本では非常に古い時代からアカマツ（赤松）、クロマツ（黒松）、ヒメコマツ（姫小松）、ハイマツ（這松）、ヤクタネゴヨウ（屋久種子五葉）など八種類のマツ科マツ属の樹木が自生している。カラマツやトドマツ等があるではないかといわれるが、どちらもマツ科ではあるがカラマツはカラマツ属、トドマツ・エゾマツはモミ属の樹木であり、松の仲間には入れていない。

「松」と一口にいわれるが、正確には、松という名前の樹木はない。いわゆる松とは、植物学的にはマツ科マツ属のうち、針葉が二本のアカマツとクロマツの総称である。もちろんこの二種の雑種であるアイアカマツ・アイグロマツもこの中に含めている。別に二葉松という言い方で、文献などには出てくることがある。

松と日本人の付き合いは、弥生時代の水田による稲作農耕の開始とともに急激に深まった。本州西部の古い泥炭層から採取した土壌の花粉分析によると、晩氷期にあたる一万五〇〇〇年から一万年前には五葉松（ゴヨウマツ・ヒメコマツ・ハイマツ等）が多かった。赤松と黒松という二葉松は、水田稲作がはじまった弥生時代から増加をはじめている。

水田稲作は、森林が育んだ養分を運ぶ谷川の水を田にひきいれ、水稲《すいとう》を栽培する。水稲は生育期間中に大量の水を必要とする種類なので、水をためた田で栽培する稲の種類である。これに対して、生育期間中の水の要求は水稲ほどではないので、畑地で栽培する稲の種類に陸稲《おかぼ》がある。陸稲は水が少なくても栽培できるが、水稲より収量が少なく、品質も劣る。

水稲栽培で、稲の収量を増やすため、山田に接する山地から落葉や草木の若芽、若葉を刈取り、田の中に踏み込んで肥料とした。これを刈敷《かりしき》という。また農耕用の牛馬の飼料採取も、山地で行なわれた。里人はひまさえあれば、山に入り込み、里山から枯木や落葉・落ち枝を運び出した。

水田稲作は定住性農業なので、水田の肥料や住居材料のほか、道路や橋の建設資材、採暖や調理燃料用の薪などとして、集落近辺の森林は絶え間なく大木の育つ前には伐採され、また樹木伐採後に生育してきた草木は里人たちにたちまちのうちに刈り取られ収奪された。山地は裸地を繰り返し、土地は痩せ、乾燥気味となっていったので、松の繁殖に好都合な条件となったのである。そのため、稲作の拡大とともに、松は次第に生育範囲を拡大していったのである。

生活の中の松

私たちの祖先は、住居の周囲に育つ松をみごとに活用してきた。野中や山の頂に生える一本松は、周囲へ種子をとばして芽生えさせ松林を再生する種木《たねぎ》であったが、それはまたここがどこであるのかという道しるべとされた。近世までの里道はほとんど尾根道で、谷筋を通る道はほとんどなかった。尾根に生える一本松は、どこどこの天狗松などとよばれ、一本松の根元には山神などの祠が祀られており、ムラの境であると同時に道行く人のやすみ場や目印となっていた。

また主要な街道には一里ごとに植えられた一里松、通行する人びとを夏の酷熱の日射から守る街道松並木がある。暴風雨や季節風から住居を守る屋敷林としても、松は使われている。なかでも島根県出雲地方の簸川《ひかわ》平野の築地松は、つとに知られている。

日本海側の海岸には砂丘がたくさんあった。海岸砂丘では、冬の北西風が吹き荒れてくると、微粒の砂を吹き飛ばし、はなはだしいときは農地や家屋を砂の下に埋めたのである。砂丘からの飛砂を防ぐため、先人たちは苦労に苦労をかさね、ついに松林を造成することに成功した。これが防風・飛砂防備保安林

簸川平野の築地松

の海岸林で、鳥取県の北条海岸、石川県の加賀海岸、山形県の酒田海岸、秋田県の能代海岸などの松林が有名である。

海岸林造成には、どんな樹種が適するかを学者が調べたところ、風に強い、痩せ地でも生育できる、潮風に堪えられる、密生した林を造成できる等、一〇種類以上の条件でいずれの条件も八〇点以上の成績をおさめることができる樹種は、松だけであった。

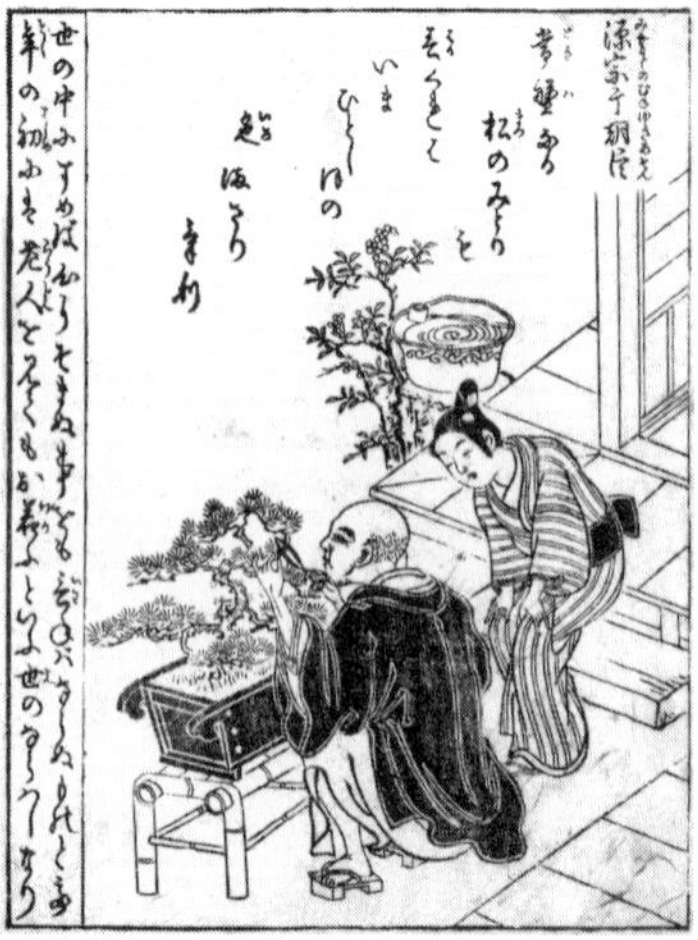
鈴木春信『絵本花葛蘿』に描かれた盆栽

生活上の潤いを求め、樹木を身近なところで育てるが、松は庭木の中心的存在であるし、小さくして鉢植えの盆栽としても愛でられる。松は非常に丈夫な樹木で、土質を選ばないので、どんな場所でも栽培できる。風雨や霜雪に対しても強く、乾湿、寒暑、刈込にも耐えるので、誰にでも栽培できるという特長をもつ。寿命は長く、葉は常緑なので、いつも緑をたたえている。

松を文字で表現するときは単に松とするほか、枩、五太夫、十八公、木公、貞木、木長官、歳寒枝、青士、千歳材などという呼び方がある。雅やかに和歌に詠まれるときは、初代草、豊喜草、都草、豊千代草、延喜草、千代木、手向草、翁草、神代草、琴弾草、色無草、百草、常盤草などと、めでたくもっとも縁起のいい名称となる。

目出度いことといえば、松竹梅は年の初めの正月や、結婚式などの慶事には必ず飾るものとされる。松の長寿と家運繁栄、竹の子孫繁栄、梅の君子の徳と子孫の連続性を一まとめにしたものが松竹梅である。これを飾ることで、家族の多幸と長寿、そして家の繁栄を祝ってきたのである。

門松は、現在は松竹梅をまとめて飾るものであるが、もともとは現在も京都市内でみられるように、根引きした小松を水引でしばったものを門口に飾ったように、松のみであった。

約八〇〇年前に後白河法皇が撰ばれた俗謡集の『梁塵秘抄』に、つぎのような歌がある。

新年　春くれば
門に松こそたてりけり
松は祝ひのものなれば
君が命ぞながからん

この歌のように、年のはじめに祝いの樹木である松を門口にたてて、歳神様の来臨を待ち、新しい気持ちで長寿を祈ったのである。

正月に祭る歳徳神《としとくがみ》は春になると田の神にかわり、さ

京都の門松（根引き松）

らに夏になると七夕の神になると考えていた地方がある。大木の松にしめ縄を張り、幣をたてて歳徳神を祭り、正月に大勢の村人がここに集まってはやす。

うれしめでたの若松さまよ
枝も栄える葉もしげる
お前百まで　わしゃ九十九まで
ともに白髪《しらが》のはえるまで

農民たちは豊作の祈りをこめて、この歌をうたいつぎ、うたい広めたのである。

私の生家は岡山県北東部の農家だったので、正月三日の朝早く、松山で小松三本とフクラシ（ソヨゴという樹木の方言名）を伐採して、苗代田に運んだ。田の神をこの松に招き、秋の豊作を祈ったのである。

製塩と白砂青松

赤松も黒松も「松」とよばれるが、それぞれ生育地を住み分けている。赤松の生育地は内陸部であり、黒松のそれは海岸部である。

一般に松といえば、海辺の白砂青松をおもい浮かべる人が多い。海側から見ると、汀から白く清らかな砂の浜辺と、背後の青々とした緑したたる松原が構成する風景は、このうえもなく美しく、海を航行する船の目標ともされた。

白砂青松は、現在は全国的に海岸砂浜（湖岸砂浜も含む）と松林の取り合わせを称しているが、もともとは瀬戸内海沿岸部のそれをよんでいたのである。瀬戸内海を取り囲む中国・四国地方の山地は主として花崗岩で、深層風化した砂が大水のたびごとに流れ下り、海岸に白い砂浜をつくった。

昭和六十一年（一九八六）一月十日、「日本の松の緑を守る会」は、美しい海岸と松林という日本の代表的な風景を二十一世紀に引き継ごうと「白砂青松百選」を決め発表したのである。これら白砂青松百選の地は、いずれも海岸（汀線）が人工によって改変されず、自然の状態を保持している自然海岸である。実は自然海岸は、日本の海岸全体の約六〇パーセントで、残りは何らかの意味で人手が加わった海岸であり、白砂青松の地は現在年々すこしずつ失われつつある。

さて白砂青松の地は、かつては製塩に好都合の地であった。製塩は砂浜に海水を撒いて天日で濃縮し、それを釜で煮詰め、塩を結晶させる仕事である。製塩燃料は山地の樹木を伐採して用いたが、海岸松原は毎年少なからぬ松葉を落とすので、その落ち松葉も重要な燃料であった。製塩業では、大量に使う燃料が製塩コストとなるので、火が長持ちするうえ、安価な松葉や枝打ちした松枝が用いられた。松葉は火がやわらかく、急激な温度変化がないので、塩の結晶は均整な形で細かく、色が白く、上等な品質の塩ができた。松の燃料を多く用いていた播州赤穂の塩は、特に有名であった。近くで毎年繰り返し採取できるため、海岸松原の松は伐採されることなく、次第に白砂青松の景色ができあがった。

人と異界の接する浜辺と神

わが国の古典文学には、浜辺の松の記述が多い。『万葉集』に収められている山上憶良の二つの歌を、みることにする。はじめの歌は憶良が遣唐使の一員として、唐土にいるとき、くにを想って作ったものである。

いざ子ども早く日本へ大伴の御津の浜松待ち恋ぬらむ（巻一・六三）

さあ御一同、はやく日本《やまと》へ帰ろうよ。大伴の御津の浜松も、われわれの帰りを待ち焦がれているであろう、との意である。大伴の御津は、遣唐使の船が発着した難波の津のことである。憶良は唐へ赴くとき、その出発を見送ってくれた浜松に託して、無事の帰任を待ちこがれている家族たちを想いやったのである。

憶良はまた、遣唐使の出発を見送る立場の時の歌も残している。

大伴の御津の松原かき掃きて吾立ち待たむはや帰ませ（巻五・八九五）

難波津の松原をきれいに掃き浄め、私はその浜辺に立って待っています、はやくお帰り下さい、との意である。遣唐使は大変重大だが、難儀な事業であった。憶良はその成功をねがい、この歌の前に収められている長歌で、何度も神の力、神のいつくしみのあることを祈っている。

亭々と松の大木がしげる大伴の御津は、いまの大阪市から堺市にかけての総称で、遣唐使の船の出入りは住吉からのようでそこは航海の安全を司る神・住吉の神が祀られている。

浜辺は船旅の送迎の場であると同時に、人と異界とが接する場と考えられていた。松は氷雪の結ぶ酷寒の冬でも、青々とした緑の葉を保ちつづけるため、長寿でめでたいものであると同時に、不浄を払う霊力をもつと考えられていた。

神は不浄をきらい、清浄なところでなければ出現されない。そのため憶良らは、唐へと渡る大事業の起点である大伴の御津の松原をきれいに掃き浄め、神慮による航海の無事を祈ったのである。

松原の維持は努力が要る

浜辺の松原を維持し、清浄を保ちつづけるためには、大変な努力の継続が必要である。植物の繁茂がさかんな日本では、松林は植物社会の進化（植生の遷移という）の途中相なので、松が整えた環境を利用し、数多くの樹木や草本類が侵入してくるからである。

海岸松林に他の樹木が侵入してきた事例を福井県敦賀市の気比の松原でみると、気比の松原は長さ一キロ、幅三〇〇メートル、広さ三二ヘクタールで、赤松と黒松が上層木を形成している。明治以後この松原は、風致景観の維持と、冬の季節風が運ぶ砂から隣接する農地を守るため伐採禁止の措置が講じられ、松林の中に侵入してきた樹木類は飛砂を抑える役目があるとして除去することはしなかった。

その結果、明治初期から約七〇年後の昭和十三年(一九三八)に行なわれた実態調査では、ザイフリボク、ネジキ、ヤマウルシ、カクミノスノキ、ウスノキ、ナツハゼ、アセビ、アベマキ、ヤマハゼ、タカノツメ、ヤマコウバシ、イヌエンジュ、ヌルデ、ヤマザクラ、アオハダ、ツシマナナカマド、ウラジロノキ、アクシバ、シャシャンポ、ヒサカキ、コナラ、クリ、ハンノキ、タブノキ、ヤブニッケイ、シダモ、アズキナシ、ウメモドキ、アカメガシワ、ガマズミ、ツリバナ等、六〇種を超える樹木が見られたのである。このまま自然の推移に委ねておくと、松林はやがて広葉樹林へと変わっていくことになる。

海岸松林は、気の遠くなるほどの長年月を経てできあがったもので、あちこちにある浜辺のすべての松林が自然のままで成立しているわけではない。現在白砂青松の地と称えられる海岸松原のほとんどは、人びとが懸命に植え、育ててきたものである。

古代には松原のある浜はごく少なかったので、神の坐《いま》す地として、斎《いつ》き崇め、浜辺の落松葉を掃き浄め、松原の樹下は常に白砂の敷かれている如くに努めてきた。

一方、松原も人びとへのお礼として、松露《しょうろ》を発生させた。松露は、海岸の黒松林に生えるキノコで、直径は三センチくらい、ころころと丸い形をしている。まるで松の露が地中に凝まったような姿で、松の香りがして美味である。松露は春秋の二回生えてきたので、浜辺の人たちにとって、松露採りは楽しみの行事であった。

前に触れた気比の松原は、海岸松原の例外的な存在で、ふつうの海岸松原は黒松林なのに、ここには赤松が生育している。江戸時代には気比の松原では、松茸が採れた。北陸地方で松茸が発生することは珍しいので、気比の松原の領主である若狭小浜藩主は、松原の落松葉を利用する地元住民から税として松茸を納めさせていた。

浜辺の松で忘れてはならないものに、結婚式のとき必ず謡曲で謡われる高砂の松がある。

日本人は松を長寿のシンボルとし、めでたい樹木の第一位として敬愛してきたが、なかでも兵庫県高砂市の浜辺（高砂神社境内）に生えていた相生松は最上級のめでたい松であった。

相生松とは、雄松（黒松）と雌松（赤松）が根元の部分で合体して一つの幹となり、そこから分かれて黒松・赤松として相添って生育している松樹である。植物学上も偶然性のある珍しい現象である。

まず黒松は海岸部を主な生育地としている樹種で、海岸松原は黒松

黒松の下に発生した松露

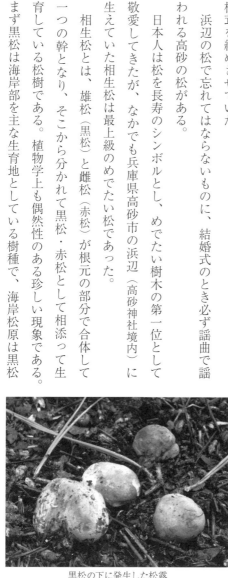

の郷土《ごうど》で、浜辺で種子が芽生えるのは当然のことである。そこに内陸部を主な自生地とする赤松の種子が飛来し、黒松と接して芽生えることがまず必要となる。つまりを雄松（黒松）のところへ雌松（赤松）が嫁入りしてくるのである。

高砂の相生松は海岸に生育しているのでこうなるのだが、婿入りの場合もある。現在はマツノザイセンチュウの被害で枯れてしまったのであるが、福井県三方町の三方五湖と海を隔てた尾根にも世屋の相生松と呼ばれていた松があった。ここでは内陸の尾根に生育している雌松（赤松）のところに、海岸から雄松（黒松）が婿入りしていたのである。

雄松と雌松の合体を夫婦和合とみて、さらに松の長寿の思想をくっつけてめでたい瑞木の第一としてきた。

絵画や詩歌に取り上げられる松

平成二年に読売新聞社が選定した新日本名木百選には、七本の松が選ばれている。

現在は五代目となっている高砂神社境内の相生松

山形県村山市大久保下原乙の個人所有の「臥竜のマツ」
東京都江戸川区東小岩の善養寺境内の「影向のマツ」
山梨県北杜市三吹の長松山万休院の「万休院の舞鶴マツ」
京都市西京区大原野小塩町の善峰寺の「遊竜松」
徳島県鳴門市鳴門町土佐泊浦の「鳴門の根上がりマツ」
香川県さぬき市志度の真覚寺境内の「岡野マツ」
沖縄県島尻郡伊平野村の「念頭平松」

松くい虫被害によって多数の古木、名木が失われながら、なかなかの健闘である。

松は平安時代の貴族の寝殿造りの屏風に描かれる名所絵・四季絵の主題とされ、その後も現在にいたるまで日本画の主題とされてきた。重要文化財の絵画で松が主題のものに、雪舟の『天橋立図』、雪村の『松鷹図』、長谷川等伯の『松林図屏風』、恵日坊成忍の『明恵上人樹上坐像』、（伝）狩野永徳『松鷹屏風』など、おびただしい数にのぼる。

文芸では『古今和歌集』序に「松の葉の散り失せずして……」云々とあるように、和歌のことを松《まつの》言葉《ことのは》といわれる。『万葉集』には松の歌が八〇首、『古今和歌集』以下の勅撰和歌集（二一代集）には八二〇首にのぼる和歌が収録されている。

恵日房成忍『明恵上人樹上坐像』
（高山寺）

雪村周継『松鷹図』
（東京国立博物館）

長谷川等伯『松林図屏風』右隻（東京国立博物館）

風ふけば浪打つ岸の松なれやねにあらはれて泣きぬべらなり（『古今和歌集』六七一）
たれをかも知る人にせん高砂の松もむかしの友ならなくに（『古今和歌集』九〇九）
神山の松吹く風もけふよりは色は変らで音ぞ身にしむ（『千載和歌集』一二三一）
松にはふ正木のかづら散りにけり外山の秋は風すさぶらむ（『新古今和歌集』五三八）
松が根に尾花刈りしき夜もすがらかたしく袖に雪は降りつつ（『新古今和歌集』九二九）

また世界で最も短い定型詩である俳句には、数えきれないほどの句が詠まれている。俳聖といわれる芭蕉に「松の事は松に習へ、竹の事は竹に習へ」との詞がある。

名月やたたみの上の松の影　其角
松風や軒をめぐりて秋暮れぬ　芭蕉
線香の灰やこぼれて松の花　蕪村
門の月殊に男松の勇み声　一茶
松の葉もよみつくすほど涼みけり　加賀千代女

日本人は、稲作の開始以来二〇〇〇年を超える長年月の間、松とともに生活し、その生態を観察してきた。松は清浄であるとして、日々信仰する神仏にお供えとして奉り、その加護を祈ってきた。

松樹の生活と同様に、日本人は信義に篤く、約束を守り、人を容易に裏切らない性格を育て、日本人の気質ともなっている。明治の地理学者志賀重昂は『日本風景論』のなかで、「松や、松や、なんぞ民人の性情を感化するの偉大なる」と、松の感化力の偉大さを称えている。

第五章

柳青める

1　柳青める

柳は目出度い木

わが国では、植物を示してめでたさを象徴させ、一つ一つの植物で寿、祝、瑞などの嘉事《かじ》を表す。一般に瑞祥《ずいしょう》植物とよばれるものに松、竹、梅などがあるが、柳もその一つとされてきた。古くから生け花の材料とされ、『仙伝抄』は五節句の人日《じんじつ》（正月七日）や上巳《じょうし》（三月三日）に用いるとしている。

『万葉集』巻十九に、大伴家持の柳の歌がある。

　青柳の上《ほ》つ枝《え》攀《よ》じとりかづらくは
　君が宿にし千年《ちとせ》祝《ほ》ぐとぞ

とあり、柳の木によじのぼって、梢の枝を折りとり髪に挿すと、千年の齢《よわい》がえられると詠ったのである。木の枝や花を髪に挿すことを挿頭《かざし》といい、ぐるぐる巻きにして頭にかぶることを鬘《かずら》という。

挿頭や鬘は、もともと呪術的な意味があり、それに使う草木の持つ神秘的な霊力を信仰の基礎として、草木の霊力を体内にとり入れようとするものであった。柳は枝を地面に挿しておくと根を出して、大きく育つ樹木なので、それを頭髪に挿すことで、その生命力を得たいと願ったのである。

また、稲作最初の仕事として種籾《たねもみ》を蒔くときに行う農耕儀礼の際、苗代田（稲の苗を育てる田）の水口《みなくち》に土を盛り上げ、柳、つつじ、藤、空木《うつぎ》などの木の枝や季節の花を挿し、供え物をして田の神を祭る際にも用いられた。柳の枝は、田の神の依代と考えられていたようである。

ヤナギとは、ヤナギ科の落葉樹の総称で、日本に野生する柳は約三〇種あるといわれるが、交雑しやすく雑種が容易に生じるので、正確な種の同定は難しい。川原、湿地、荒原に生えるものは川柳と通称されている。

大型の柳にバッコヤナギ、オノエヤナギ、オオバヤナギなどがあり、幹は直径三〇センチ以上となり、白くて柔らかく軽い木材は、まな板や丸木舟などに利用された。また小型のネコヤナギやイヌコリヤナギなどは、魚を獲る胴《どう》（籠状に編まれたしかけ）に用いられた。さらには、現在ではほとんど見かけなくなったが、明治期から戦前まで多くの人々の用いられた柳行李《やなぎこうり》は、コリヤナギを用いたものであった。丈夫で軽く、雨を通さず、通気性と吸湿性を備え

枝垂れ柳の大木の下での田植え
（彭城百川『田植図』江戸時代、東京国立博物館）

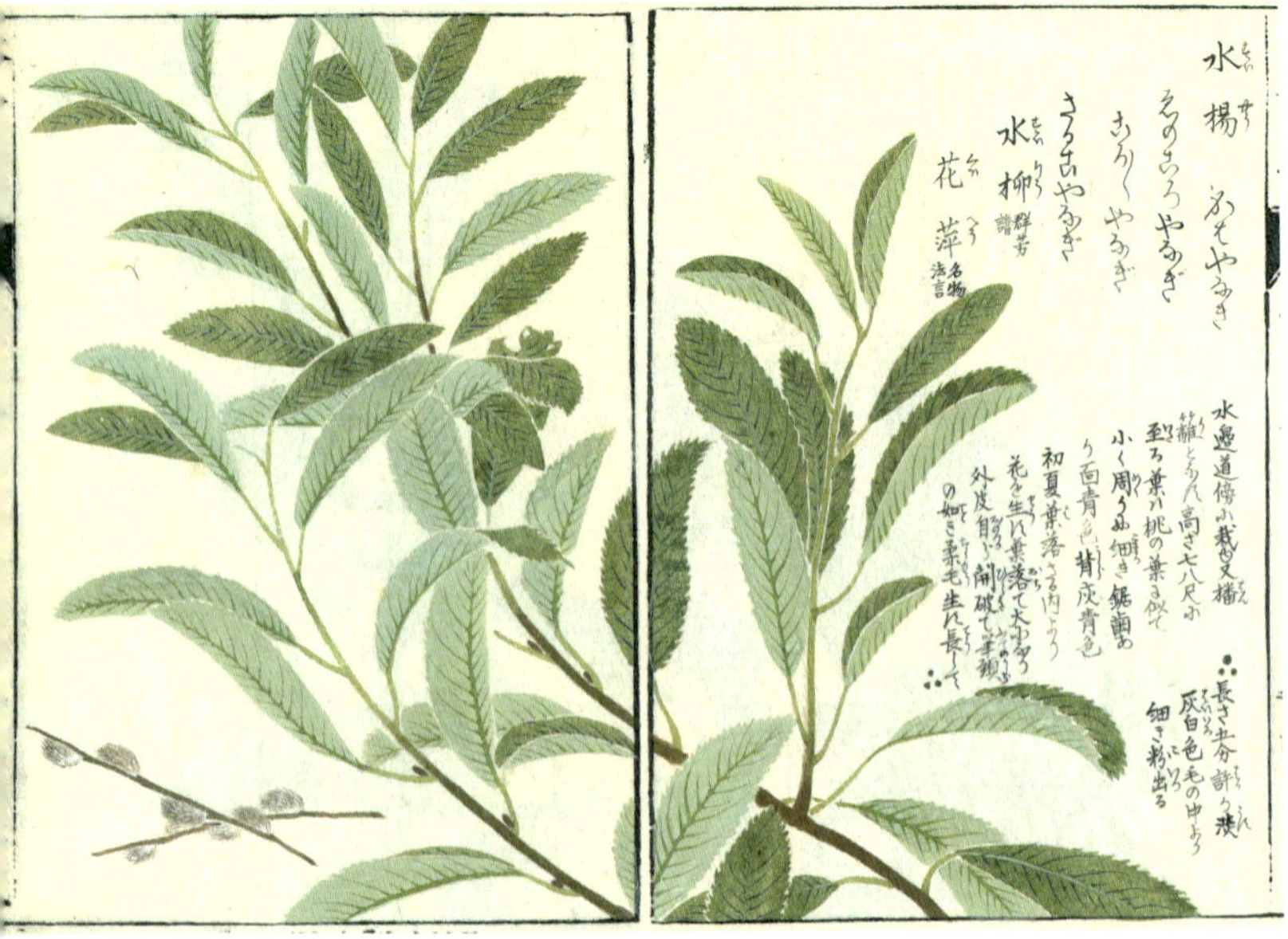

江戸末期に描かれた枝垂れ柳（上）と猫柳（下）の図
（岩崎灌園『本草図譜』文政11年完成、田安家旧蔵の写本、国立国会図書館）

枝垂れ柳の新枝

枝垂れ柳（左）とその雄花（上）

柳にふくまれる成分が虫食いを防ぐことなどから、衣類の整理や保管に日常的に用いられた。

また、柳材は木炭として火薬の原料やデッサン用の画材とされ、樹皮はタンニンを含むため皮なめしに用いられた。土に挿すと容易に発根するので、山地の崩壊防止用や崩壊地を復旧させる治山工事用の柵や川岸の護岸材料などにも使われる。

柳を砂漠の中に新しく開設する水路の岸の補強として使った事例がある。アフガニスタンの農業支援に日本から派遣されていた中村哲は、三〇キロ以上もの遠方の雪山から、農業に必要な水を引いてくるため、水路をアフガニスタンの人たちと建設しているのを、NHKテレビで放映していた。崩れやすい砂漠の中に水路を造設するとき、水路の両側にシダレヤナギを植え、水路の岸を補強していた。シダレヤナギは水路に水が通ると根を出し、はびこり柳林が出来上がり、水路の岸が強固になる。そしてその柳は、燃料ともなるのであった。中村哲のこの技術は、日本の江戸時代の農業土木の技術を応用したものであった。日本人は、樹木を生活に応用することにかけては、すごい知恵を持っているのである。

柳と楊

ヤナギの漢字表記には、柳と楊の二つがある。日本ではシダレヤナギ類を柳と記し、枝が上向きに伸びる川柳類（ネコヤナギ類）を楊と記す。二つ合わせて「楊柳」と表記することもある。

日本人には、柳といえばシダレヤナギを連想する人が多く、長く枝を垂れた姿に詩情をそそられてきた。シダレヤナギの古名には、風な草、川沿い草、川端草などがある。

シダレヤナギは中国南部の長江河畔に多くみられ、日本へは稲作とともに渡来したと私は考えているが、その年代は明らかでない。また『万葉集』をはじめ、古代の文献に登場する柳も、シダレヤナギかどうかは明確ではない。

シダレヤナギは雌雄異株で、日本にはどういうわけか雄株だけが渡ってきたようである。各地にシダレヤナギをみるが、漢詩に詠われる春先の「柳絮《りゅうじょ》飛ぶ」さまを見る機会はまずない。柳絮とは、柳の熟した果実から出てくる真っ白な綿毛をもつ種子のことである。柳の絮《わた》とよばれ、軽く、わずかな風で浮かび飛んでいく。

しかし、稀には雌株もあるようだ。私は平成十年に勤めていた東大阪市の近畿大学の本部キャンパスでみつけた。どういう経緯でこの地に植えられたのか不明だが、そのシダレヤナギは胸高の幹回り約一九〇センチ、樹高一〇メートルのものと、それよりもやや小さいものなど三本が並んでいた。樹齢はおよそ六〇年、苗木はどこからきたのか不明であった。柳絮は暖かな晴天の午後によく果実から吹き出し、風があると吹雪のように飛び、風が止まるとフワ、フワ、フワと、遠くまで漂っていく。キャンパスの見回りをしていた私は、柳絮の飛び出す元をたどっていき、シダレヤナギの雌木をみつけた。

猫柳

富士山を望む夏の光景を描いた浮世絵（現在の東京都中央区八重洲・呉服橋交差点付近）
（歌川広重『名所江戸百景　八ツ見のはし』安政３年、アメリカ合衆国議会図書館）

広報課からマスコミに、近畿大学に学問的にも珍しいシダレヤナギの雌木があり、いま柳絮がよく飛んでいる旨の投げ込みをしてもらった。翌日には反応があり、NHK大阪放送局から取材の申しこみがあった。

当日は晴天で暖かな日であったので、シダレヤナギの果実からよく絮が吹き出し、時折の風で絮が吹雪のように飛び、取材は大成功であった。同日の夕方と翌日の早朝、NHK大阪放送局をキー局として全国放送された。

数日後、NHK高山放送局のディレクターから、「高山では、宮川の川岸に三本のシダレヤナギの大木があり、絮《わた》のとぶ季節には飛驒高山の風物詩として放映している。飛驒高山のシダレヤナギよりも劣る大阪のシダレヤナギの絮がとぶ様子が、なぜ全国放送されたのか教えてほしい」旨の電話が入った。このことで、岐阜県の高山市にシダレヤナギの雌木の大木が、三本もあることが判明したのであった。

平安京の柳

柳は水湿を好み、水の景色によく調和するため、池畔、河畔、堤防などによく植えられる。古代歌謡の催馬楽《さいばら》に大路《おおじ》という曲がある。

大路に　沿ひてのぼれる

青柳が花や　青柳が花や
青柳が　撓《しな》ひを見れば
今さかりなりや　今さかりなりや

大路は、御所の朱雀門から真っすぐに南に伸びる朱雀大路のことである。朱雀大路に沿って南の下京から北の上京へと立ち並ぶ青柳の、芽立ちしたばかりの葉は美しい花とも見える。青柳が風にしなってなびいているのを見れば、今が盛りである、というのである。これで平安京一の大通りは、柳並木であったことがわかる。

また、平安京造営のとき大内裏《だいだいり》の南のところに、天皇の遊覧場として自然の森や池沼を利用して作られた神泉苑の周りにも、柳が植えられたことが『延喜式』にみられる。

凡《およそ》神泉苑の池の廻《めぐり》十町内。
京職に柳を栽令《うえしむ》。
町別に七株。

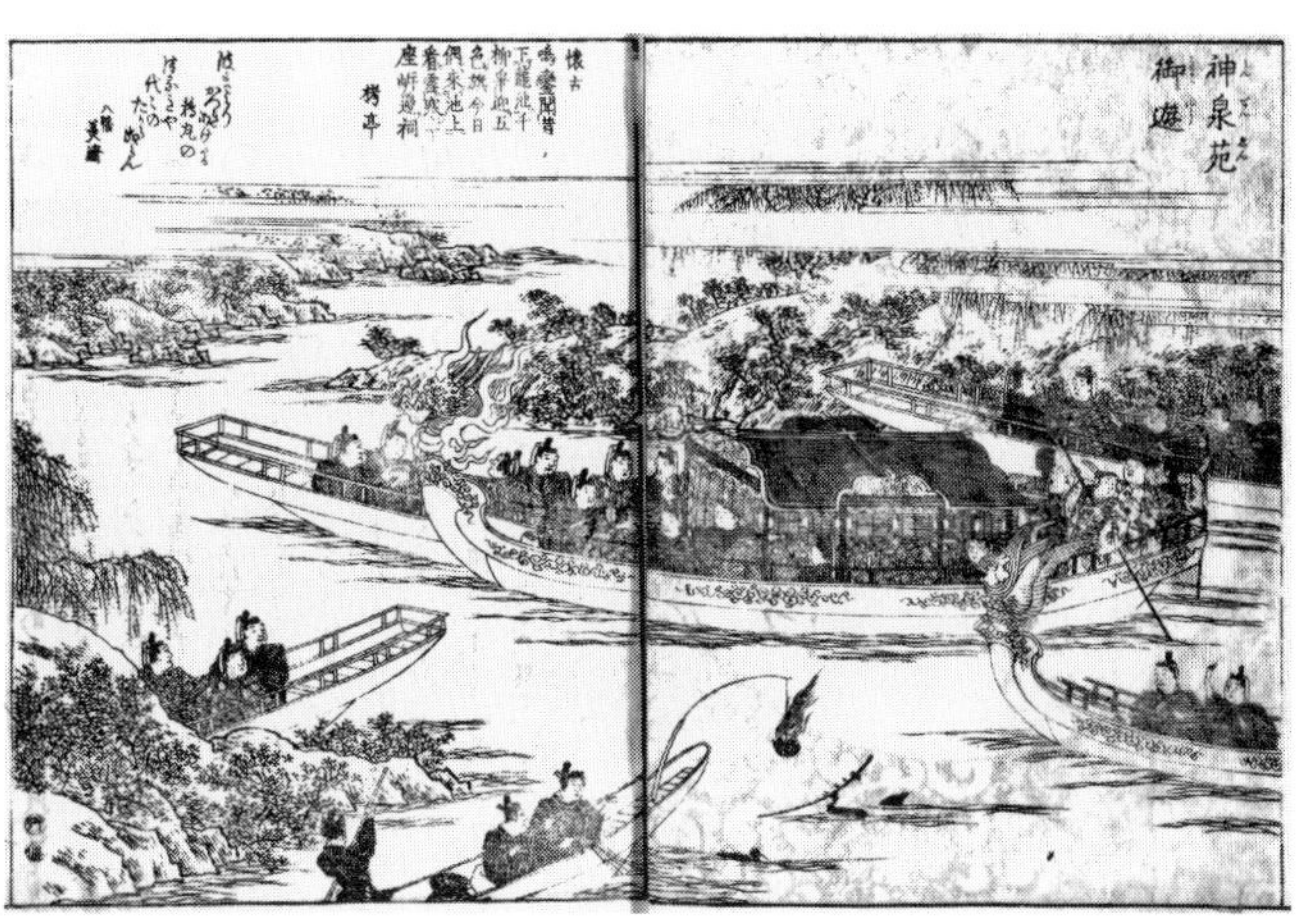

神泉苑で遊ぶ平安時代の貴族（『都林泉名勝図会』寛政11年）

柳は陽樹（中略）神泉苑の池は龍神の勧請する所なり。

神泉苑の池のまわりに、一町（約一〇九メートル）に対して七本の柳を植えたというのである。神泉苑は雨を司る龍神を勧請しているとして、のちには日照りの時には、雨ごいをする池と認められるようになった。

このように平安京のあちこちに柳が植えられていた。シダレヤナギは水辺の木であり、同時に町の木であった。『古今和歌集』には、桜や柳のいり混じった都を詠んだ名歌がある。

はなのさかりに京をみやりてよめる　　素性法師

見わたせば柳桜をこきまぜて　都ぞ春の錦なりける

東山のような高みから京の町をみわたすと。やわらかな緑の柳と桜花が入り混じり、あたかも緑や薄紅などの色彩を混ぜ織り込んだ錦とみえる、というのである。この歌ほど絢爛《けんらん》とした都を詠んだ歌は少ない。

町中の柳といえば、江戸では享保十一年に八代将軍吉宗が隅田川御殿の庭に、庶民などのレクリエー

京都、祇園白川沿いの枝垂れ柳並木

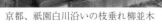

ションのためとして桃、柳、桜を植え増しさせている。また神田台の掘割の堤に吉宗がここを訪れたとき「柳原というのであれば柳を植えよ」と命令し、堤はことごとく柳になった。遠近《おちこち》の目印とされ、江戸にきた旅人が道路をさがす頼りとなった。木陰には、商人たちの市や店が軒をならべ、にぎやかな所となった。

京の島原では、出口の柳とよばれる柳があった。

　　出口にて

傾城《けいせい》の賢《けん》なるはこの柳かな　　其角

傾城つまり遊女の賢いものは、柳のように客の無理難題も柳に風と受け流し、面白く遊ばせてくれるというのである。

現在の京都では、鴨川沿いの土手に、シダレヤナギと桜が混ぜて植えられており、桜とシダレヤナギの緑が互いに映えあって、旧都の素晴らしい春景色を演出している。

柳の歌と句

短歌や俳句に詠まれる柳とは、ヤナギ科の樹の総称であ

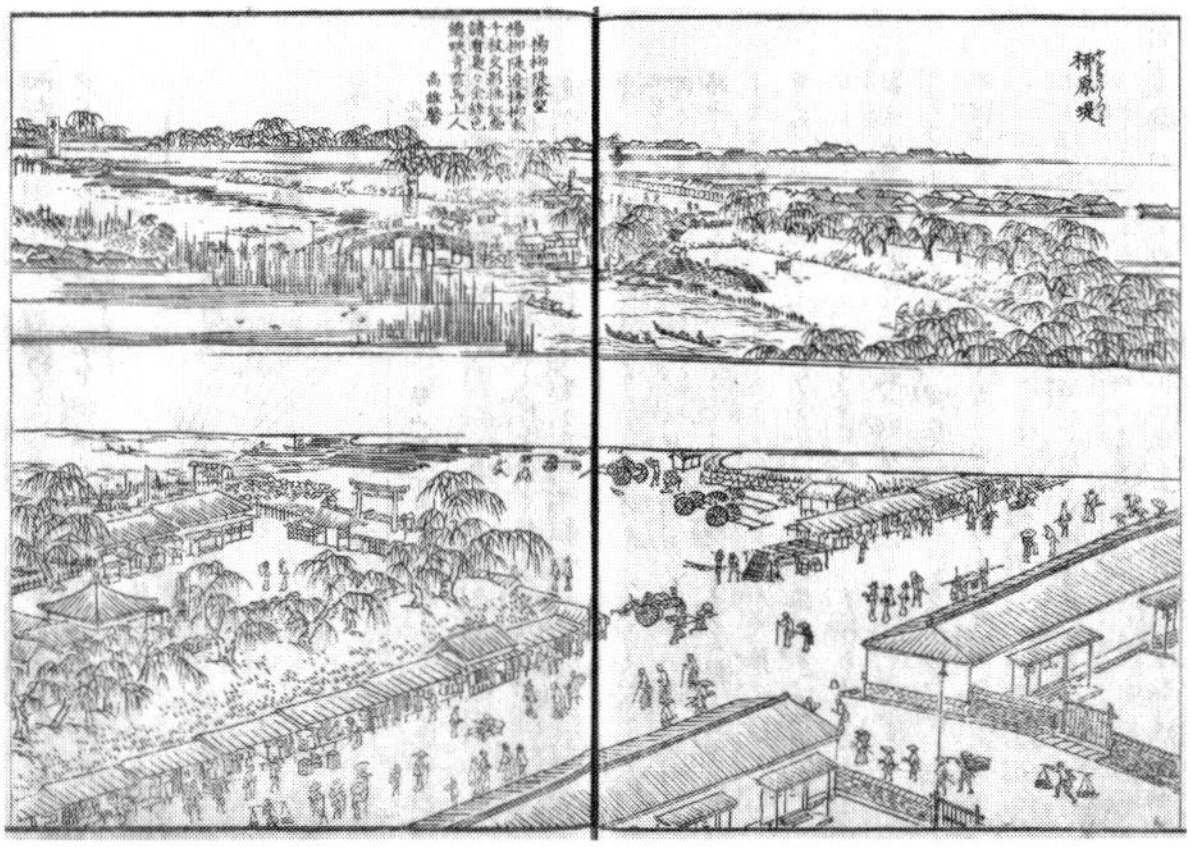

柳原の堤（『江戸名所図会』天保年間）

り、いろいろな呼び方かされている。柳と同じ意味の呼び方として、川根草《かわねぐさ》、河高草《かわたかくさ》、風見草《かざみぐさ》（かぜみぐさともよまれる）、風無草《かぜなぐさ》、遊草《あそびぐさ》、春薄《はるすすき》がある。柳の名前としては、シダレヤナギ、糸柳、楊柳、絹柳、行李柳があり、そして時期的な姿として、青柳、柳糸、若柳、遠柳、柳影《やなぎかげ》、夏柳、柳繁る、柳風、柳の雨、柳散る、冬柳、柳枯る等がある。

春の早い時期にシダレヤナギは、枝ごとに萌黄色の新芽を芽吹かせて来る。新芽が吹きだした柳を芽柳という。シダレヤナギの日々色をましていく美しさは、歌人や詩人だけでなく、詩情をそそられる。

やわらかに柳あをめる
北上の岸辺目に見ゆ
泣けとごとくに　　石川啄木

根は水に洗はれながら加茂川の柳の梢《うれ》はけぶり青めり　　与謝野礼厳

近づきてあふぐ柳の新芽ぶき冴々なびく日の光かな　　土田耕平

柳の芽もつれぬ程の風の出て　　市川婦美子

風ゆきそうなはらみ芽柳大気青くせり　　小峰宮子

揺れるたび伸びてゆきそうな柳の芽　　国友静子

ヤナギ科の中で楊のほうに属するネコヤナギは、日当たりの良い水辺に自生する。早春、葉に先立って、銀ねずみ色のやわらかい毛を密生させた尾状の花穂を上向きに出す。その花穂の毛が猫を思わせるのでこの名がある。

猫柳あそびごころの白き椅子　渡辺純子
膨らます背戸の水音猫柳　西村久子
猫柳われより先に呆けたる　丸山ただし
猫柳活けてランプの点る宿　松下晴耕
水際のひかり集めし猫柳　岡副佐代子

柳は早春、穂状の花を開いて実を結び、熟した果実は裂けて綿のような種子を飛ばす。これを「柳《りゅう》絮《じょ》」といい、風のない暖かな日にはは〔る〕の空に漂い舞うさまは、のどかで趣がある。

猿山の猿のいねむり柳絮とぶ　関川栄子
人工の島に根付きて柳絮とぶ　高木幸壺
柳絮とぶ池をめぐりて別れけり　佐子まりな
柳絮飛ぶ王陵出でし碧空に　西野喜美子

「柳」は春の季語となっているが、その葉っぱが散るのは、葉が黄色くなってからで、季節は晩秋から初冬になる。しかも、銀杏のように全部の葉っぱが一度に散るということはない。徐々に、少しずつ散っていく。冬になっても残っていることがある。シダレヤナギの葉っぱが散りつくすと、冬は本番ということである。筆者は京都の鴨川傍で、一月の半ばごろ、東北の友人が、「京都ではもうシダレヤナギの葉っぱが出ているのをみた」というので、よくよくみたら散り残りのものであった。

しろじろと日は流るるよ散る柳　　堤まさ子
放生池棲めるものなく柳散る　　松田ひろ
日輪をつなぎ置く江や柳散る　　内山保子
連歌師の名に負ふ泉柳散る　　久保田珠生

2　シダレヤナギはいつ渡来したか

わが国に生育している数多い植物のなかで春の到来を告げてくれる樹木の一つに、シダレヤナギがある。国民的歌集である『万葉集』は、春のきた歓びを次のようにシダレヤナギの芽吹きで詠っている。

浅緑染《し》みかけたりと見るまでに春の楊《やなぎ》はもえにけるかも（一八四七）

歌の意は、浅黄色に枝が染まりはじめたかと思うと、見る間に春のシダレヤナギの若葉が萌え出てきたというのである。シダレヤナギの名称は古語だけでも、ハルススキ、ネズミグサ、カゼナグサ、カザナグサ、カワゾヒグサ、カハタカグサ、カハタグサ、カハゾヒヤナギがあり、古い時代から持て囃されたことを物語っている。

楊柳の区別と自生地

ヤナギ類を中国では楊柳《ようりゅう》と称するが、李時珍は『本草綱目』（一五七八年成る）の中で「一類の二種なり」として、楊は枝が起きて上を向いたものであり、柳は枝が下に垂れるものつまりシダレヤナギだと、明確に区別している。

わが国でも針葉の二葉をもち、樹肌の赤々としたアカマツ（赤松）と、黒々としたクロマツ（黒松）の二種を松と称するが、これと同じ区別の仕方である。『万葉集』の時代にはヤナギ類を、楊と柳とに厳格な区別をしておらず、引用した歌のように楊をシダレヤナギと訓ませる事例がたくさんある。

シダレヤナギの原産地は中国の中南部で、長江（揚子江）の中下流の河畔に多くみるといわれるが、自生樹と植栽樹の区別はできない。中国の北京以北では寒さのため生育困難であり、北京辺りのものはみな植えられたものである。長江中下流域は水田稲作文化（文明）の発祥地であり、その地域はシダレヤナギと梅と桃の自生地（原産地）とぴったり重なっている。

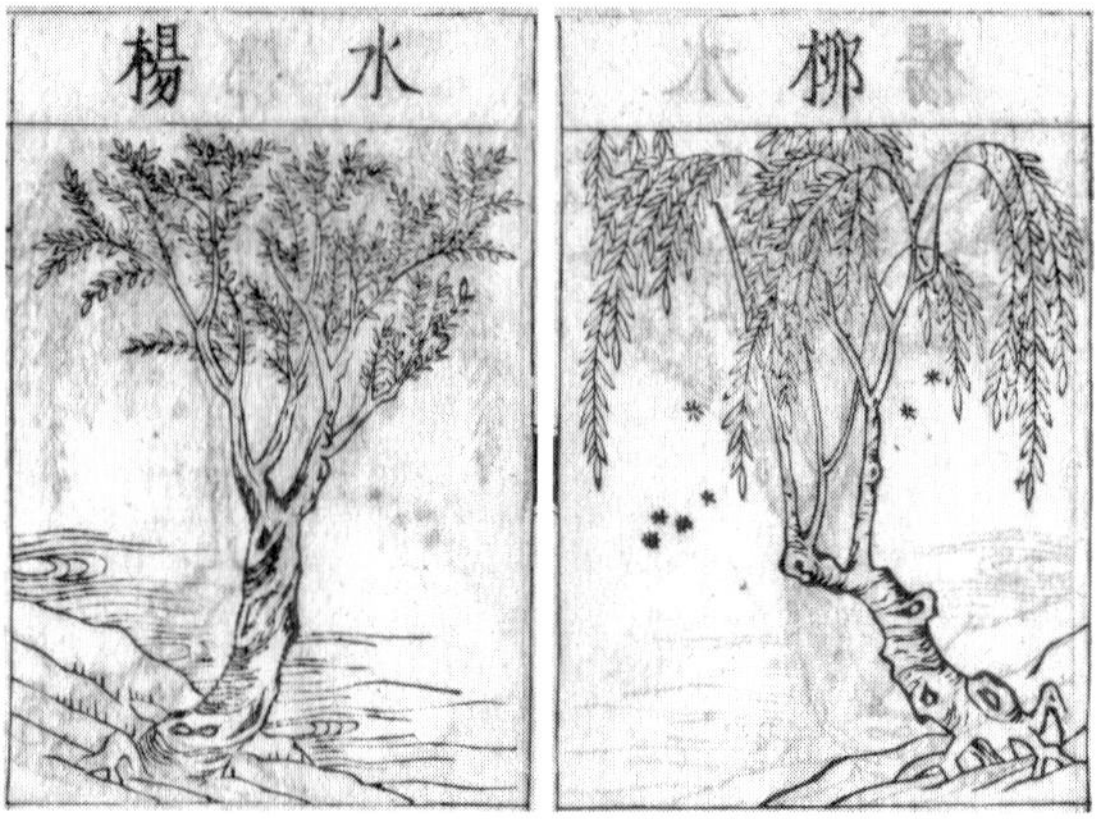

柳と水楊（『本草綱目』）

『万葉集』直前に渡来とする説

シダレヤナギがいつごろ中国から渡来してきたかについては定説がなく、『万葉集』の編集がはじまる少し前だろうという説が多い。上原敬二は『樹木大図説Ⅰ』（有明書房　一九五九）で「日本に渡来した年代は明でない」とする。

斎藤正二は『植物と日本文化』（八坂書房　一九七九）のなかで、『万葉集』巻十五「所に當りて誦詠《うた》へる古き歌十首」の歌番三六〇三の歌に注目し意見を述べている。


青楊《あおやぎ》の枝伐り下し斎種《ゆだね》蒔き忌忌《ゆゆ》しく君に恋ひわたるかも（三六〇三）

歌の意は、青葉のシダレヤナギの枝を切りとって苗代の水口に挿し、斎種《ゆだね》といわれる神聖な種籾を蒔きますが、斎種のようにゆゆしい（恐れおおくて、はばかられる）あなたを、ずっと恋しく想っていますよ、の意である。種籾を斎種というのは、種籾の中には稲の穀霊が籠められていると考えられたもので、はじめに神を祭り苗代に蒔くことで、穀霊の力により発芽し、成長して豊かな秋の稔りが迎えられるとするのである。

斎藤はこの歌のシダレヤナギについて「ヤナギそれ自身は今来《いまき》の渡来植物である」と断定する。今来とは、新たに渡来した、あるいは新参であることをいうから、斎藤はシダレヤナギは『万葉集』の編集がはじまる直前ごろに渡来したとみているのであろう。

水口に柳を挿す儀礼は中国渡来

斎藤はシダレヤナギを今来の植物と断定をしてみたものの、『万葉集』が古歌だとしていることとの矛盾を解決するための解釈として、水口祭りの儀礼について前に触れた書で、この祭祀は中国から導入したものだと述べるのである。

わたくしは、ヤナギの枝を穀霊の憑《よ》り代《しろ》とする祭祀方法そのものが中国の農業祭祀の導入だったとの見方をとる。というのは、ホロートの大著『中国の宗教習慣』が繰り返し明らかにしているごとく、穀霊イクォール死霊（祖霊）と信ぜられ、死霊はまたヤナギを媒体とすると久しく信じられてきたからである。

苗代の水口祭りの農耕儀礼は、平成の現代では機械田植のため、それまでは苗代で作っていた稲苗は田植え機の規格にあった箱で栽培されるようになり廃れた。

この儀礼は、苗代の種蒔きのとき、水口に土を盛り、シダレヤナギやツツジの枝などを挿して依代とし、田の神をそこへ招来して祭るもので水口祭りといわれる。ツツジは苗代への種蒔きをするころ、稲と同じように枝先に稲籾に似た花をつけるので、秋の豊作を予祝しこの花に祈るのである。この農耕儀

中国・宗時代の田植えの様子
（『耕織図』〔宋代の原本を江戸時代に復刻〕より、国立国会図書館）

礼は、日本各地で広く行なわれてきた。

斎藤は中国から水田稲作（以下稲作とする）が日本に渡来・定着し、広く行なわれるようになった『万葉集』編集直前あたりにシダレヤナギが渡来してきたので、豊作を願う中国の古い農耕儀礼のシダレヤナギを挿す水口祭りを導入したと考えたのであろうか。

稲作は一つの文化体系で、苗を育ててから収穫するまでの、儀礼を含む作業やその食生活などがセットとなっているものと私は考えている。それだから単に稲を育て、米をつくる行為だけが稲作ではない。私はシダレヤナギが稲作の最初に行なわれる儀礼に用いられるのだから、稲作とシダレヤナギは強い結びつきがある。それだから稲作・稲作文化が中国から渡来したとき、セットの一つとして日本に来たのだと考える。

シダレヤナギの渡来時期

シダレヤナギは湿地や河畔に生育し大木となる樹木なので、燃料にでき、枝は折って地面に挿しておくだけで根をだし大木に成長できる生命力の強い樹木である。水辺に生育するところから稲の生育に必要な水を生む樹だとも考えられていた。

シダレヤナギの若芽は煮ると食用になり、枝・葉・樹皮・柳絮は薬用とされる。柳絮は吐血・喀血に服用し、刃物傷の出血はこれで封じるとただちに止まる。樹皮や葉にはサリシン等を含み、消炎、利尿、鎮痛、解毒などに効果がある。シダレヤナギはこんなにも重宝な樹木なので、海を渡る際にも手放すことはなかったと考えられる。

稲作農耕と深いつながりをもつ梅も桃も、わが国の弥生時代には中国から渡来しており、弥生時代前期の山口県磐田遺跡から梅と桃の遺物が発掘されている。

中国では紀元前三〇〇年前後の春秋戦国時代に、長江流域の稲作地域へ北方の金属製武器をもつ麦作文化の民衆が軍隊として押し寄せてきた。武器をもたない稲作農民たち一部は、東の日本へ、西の山岳地帯の雲南省へと逃れた。逃れるとき、生業の種籾はもちろん、稲作文化と不可分の栽培植物の梅、桃、シダレヤナギを伴って船に乗ったと考えている。

逃れるとき慌てたのか、折り取ったシダレヤナギは雄の枝ばかりであったようで、現在でもシダレヤナギの雌木は極めて稀である。

第六章　椿花咲く

1 「椿」の字と意味

椿は春の木

春に咲く花は黄色なものが多いなかで、ツバキは真っ赤で大きな花を咲かせる。『万葉集』はつらつら椿と、ツバキの花がむらがって咲く様子を詠っている。ツバキ科のツバキを表記する文字として「椿」を用いたのは、『万葉集』が最初である。木偏に春を添わせた椿の字でツバキは春の木を表すとした。

ツバキを春の木と決定づけたものは、赤色の花と常緑の葉である。赤色は万葉時代には高貴な色とされており、赤色袍《あかいろのほう》は上皇専用の袍とされ、平安時代に至りようやく天皇も内宴に着用されるようになった。ツバキは、艶葉木《つやはき》、厚葉木《あつはき》、光葉木《てるはき》、強葉木《つばき》からきたとする語源説があるように、葉は厚く、強く、光沢があり、陽光を照り返す強い生命力をもつ。『古事記』が仁徳天皇を「斎《ゆ》つ真椿」と褒めるように高貴なうえ、神聖で清浄な樹木と考えられていた。

寒い冬が終わり野山の草木が生を謳歌しはじめるとき、落葉した木々の中で、緑葉を繁らせ、目立つ大きな赤花を咲かせるツバキほど、春の木にふさわしいものはなかった。

四季のある日本ではほかに、夏の木を表す榎《えのき》、秋の木を表す萩、冬の木を表す柊《ひいらぎ》がある。木偏《へん》で秋を旁《つくり》とする楸《ひさぎ》の字があるが、これは採用されず、実際は木なのだが草丈が低いため草類と考えられていたハギが、秋の植物として秋の字のうえに草冠がつけられた。木偏や草冠に春夏秋冬をそわせた字は、いずれも日本で作られた国字だとされてきた。

椿は国字か借字か

大槻文彦の『大言海』は「椿ハ春木ノ合字ナリ、春、花アレバ作ル」といい、新村出編『広辞苑』は、「「椿」は国字。中国の椿《ちゅん》は別の高木」とする。諸橋轍次の『大漢和辞典』は『和漢三才図会』の芸才を引用し「倭字」とする。白川静の『字通』は「椿は落葉喬木で、その香なるものを椿、臭なるものを樗《ちょ》というと中国の樹木のことをまず説明し、別に「わが国では、椿を分かちよみして春の木とし、「つばき」にあてる」とする。

椿（『和漢三才図会』）

前の三つの辞典は椿は日本で作られたとする国字説であり、『字通』は借字説をとっており、国字説の割合が高い。

椿のことを述べた塚本洋太郎監修・渡辺武・安藤芳顕著『花と木の文化　椿』

（家の光協会　一九八〇　二九頁）は、「中国にはない架空の植物名で、迎春の花、長寿の花木である大椿の漢字を借りて、日本のツバキにふさわしい椿の字にあてたものと考えられる」とする。『字通』は詳しくは説明していないが、こちらの組といえる。

私も中国に椿の字があるのだから、わざわざ日本で作ったとせず、借りたとする方が素直だと考える。わが国では「椿」の字を借りてツバキと訓《よ》み、音は漢音そのまま「ちん」として、現在も用いている。

樹木には中国と同じ字を用いるが、実物は両国間で異なるものがある。たとえば、日本の杉の字は中国ではコウヨウサン（広葉杉）をいい、端午の節句に葉っぱで柏餅を包む柏《かしわ》の字は中国では常緑針葉樹のビャクシン（柏槇）またはコノテガシワ（児手柏）のことをいい、京都の賀茂祭（葵祭ともいう）のとき行列の大勢が葉っぱを身につける桂《かつら》の字は中国では常緑広葉樹のキンモクセイ（金木犀）をいう。したがって、椿の字をツバキと読んでも決して怪しいことではない。

このことを問題としたのは、椿がもてはやされたこととは別に、日本でも字は作れるのだという国威発揚の意があったかも知れない。

『荘子』の大椿を借りる

「椿」の字を借りてきたさきは、『荘子』内編・逍遥遊編・第一に記されている「大椿《だいちん》」である。この大椿は実在の樹木ではなく、一季が八〇〇〇年にあたるという伝説上の長寿の霊木だとされてきた。明治以後の植物学者たちは、大椿は中国のチャンチン（正しい漢名は香椿）を指しているとした。チャンチンは落葉広葉樹で、日本の常緑広葉樹の椿とは葉の形も異なる。

字を借りただけので、わが国の椿と中国のチャンチンとはまったく関わりはないのだから、ツバキを漢字の「椿」になぜ宛てたのかについて、チャンチンで説明しようとあれこれ試みられてきたが、どの説明でも明確にすることはできなかった。

江戸時代の終わりころ、幕府の命を受けた屋代弘賢が文政四年（一八二一）から天保十三年（一八四二）に調進した『古今要覧稿』巻三百六・草木部・椿上のなかで、

「さて海柘榴《つばき》に椿字をあてしは荘子に上古有大椿者以八千歳為春八千歳為秋といへる寓言あるによりて此の海柘榴樹その樹数百年を経るといへどもさらに枯凋の患なくその壽の久延なる事頗る大椿のたぐひなるによりて遂にその名を仮借せしなり」（復刻版監修西山松之助・朝倉治彦『古今要覧稿』第四巻　原書房　一九八二年　三二八頁）

として以降、多くの学者たちもこの説を疑うことなく大椿とは樹木名だと考えてきた。

『古今要覧稿』はこのとき間違いをしている。『万葉集』巻第一（歌番五四）が椿の字をはじめて採用したときには、寿命の長さを問題にしていない。椿の字をつかった歌の詞書きは、「大宝元年辛丑の秋

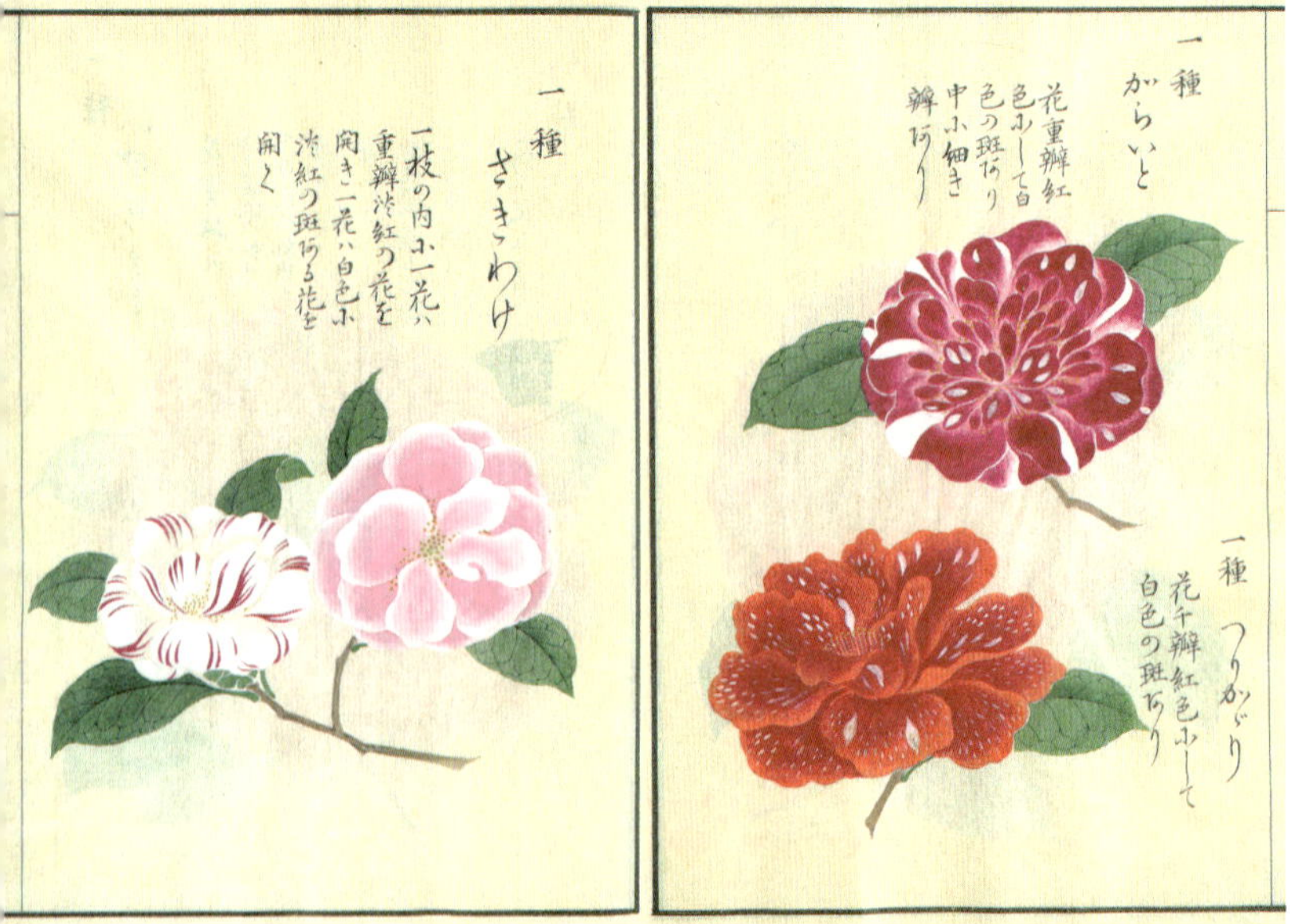

江戸末期に描かれた山椿（上）と様々な椿の品種（下）の図
（岩崎灌園『本草図譜』文政11年完成、田安家旧蔵の写本、国立国会図書館）

色とりどりの花を咲かせる奈良・白毫寺の古木「五色椿」

の九月に、太上天皇、紀伊の国に幸《いでま》す時の歌」である。飛鳥を出発された太上天皇が紀伊国への旅の途中通過される巨勢《こせ》山は、高貴な赤色をした椿が「つらつら椿」と形容されるほど連なり咲く著名なところで、今は九月で花はないけれど、青々と繁る木々を見ながら春の盛りのさかんな生命力と高貴な花色を思い浮かべ、山越えされる太上天皇の旅の無事を祈ったものだと考える。

椿の字を借りた先の『荘子』は一言も大椿は樹木だと説明していないが、日本で大椿は樹木だと考えられた理由は、「椿」の字が日本では樹木のツバキの表現として『万葉集』で詠われていることにより、元の字の「大椿」は樹木のことをいうのだと誰もが思い込んだこと、さらに八千歳の春秋をもつのだから、これほど長寿なものは樹木のなかでも特別な霊木だと考えたことがあげられる。

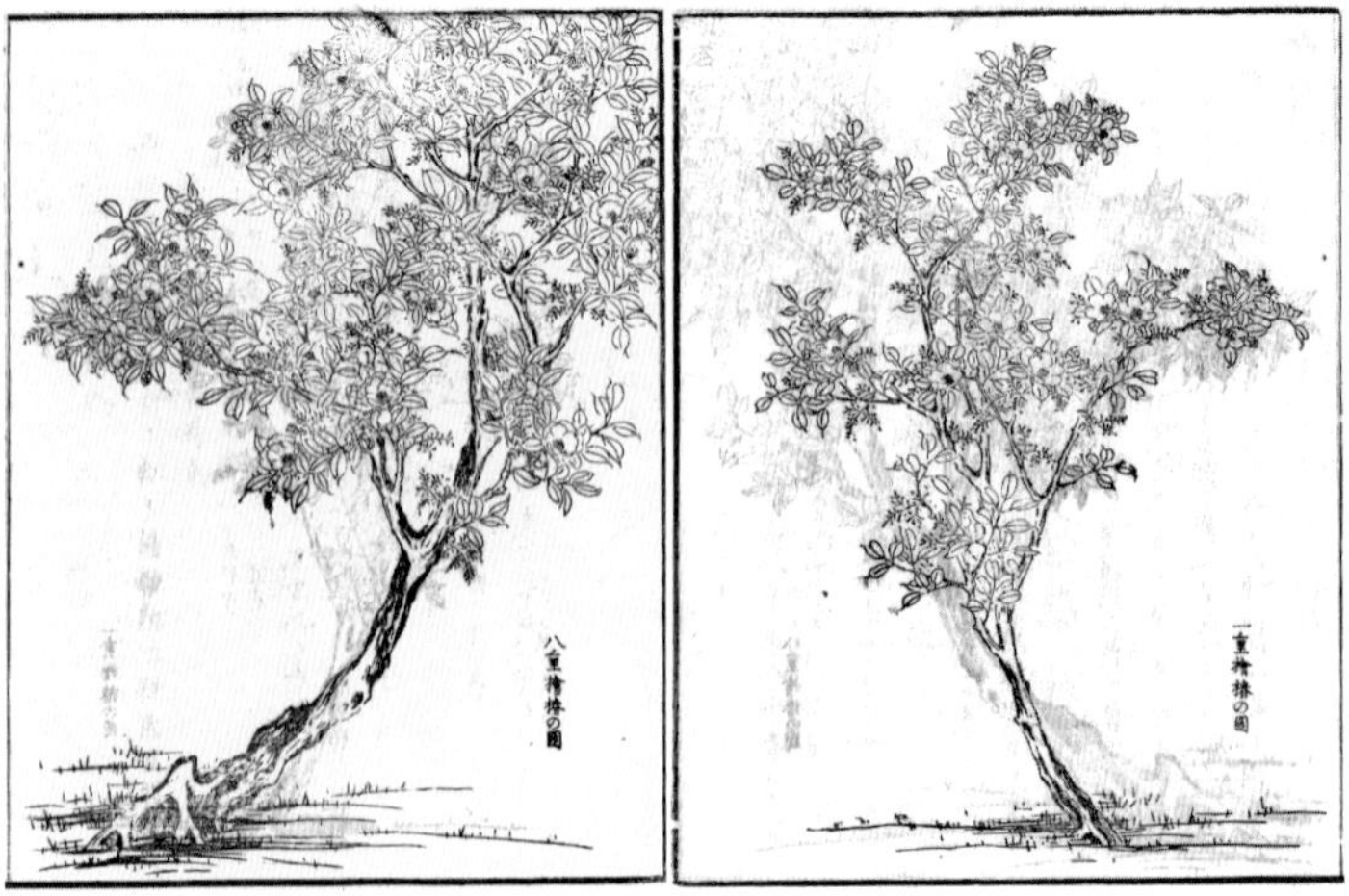

和歌山城下、鶴渓園にあった椿の図（『紀伊国名所図会』江戸後期）

大椿は木名か人名か

金谷治訳注『荘子　第一冊（内編）』をみていたとき、ここに記された「大椿」は人名ではないかとの疑問がうまれた。なお『荘子』は『老子』と並び称される道家《どうか》の代表的著書で、荘周（敬称して荘子という）の著作である。現行本は内編七、外編十五、雑編十一から成る。内編（逍遙遊・斉物論など）は多くの寓言（他の物事にことよせて意見や教訓をふくませていう言葉。たとえばなし）によって、万物は斉同《せいどう》（ひとしく同じこと）で生死などの差別を超越することを説いている。

諸橋の『大漢和辞典』も金谷治も「大椿」は木であるとする。私の考えを述べるにあたって、原文の読み下しを付してまず掲げる。

小年不及大年　　小年は大年に及ばず
奚以知其然也　　奚《なに》を以て其の然《しか》るを知るや
朝菌不知晦朔　　朝菌《ちょうきん》は晦朔《かいさく》を知らず
恵蛄不知春秋　　恵蛄《けいこ》は春秋を知らず
此小年也　　此れ小年なり
楚之南有冥霊者　　楚の南に冥霊《めいれい》なる者あり
以五百歳為春　　五百歳を以て春と為し

雪中に咲く椿（滋賀県高島市乙女が池）

長崎・五島列島福江島の椿「玉の浦」

獅子咲きの椿

奈良・円成寺境内の椿

東都、上野・寛永寺子院の椿
（喜斎立祥〔二代歌川広重〕『三十六花撰』国立国会図書館）

以五百歳為秋　五百歳を以て秋と為す
上古有大椿者　上古に大椿なる者あり
以八千歳為春　八千歳を以て春と為し
以八千歳為秋　八千歳を以て秋と為す
［此大年也］　［此れ大年なり］
而彭祖乃今以久特聞　而《しか》るに彭祖《ほうそ》は乃今《いま》久《ひさしき》を以て特《ひと》り聞こえ
衆人匹之　衆人これに匹《くら》ぶ
不亦悲乎　亦《ま》た悲しからずや
湯之問棘也　湯《とう》の棘《きょく》に問えることも
是已　是《これ》のみ

（岩波文庫版　一九七一年　二一一〜二一二頁）

なお『荘子』より前の春秋戦国時代の道家列禦寇（敬称して列子という）が著した『列子』は「湯問」第五で、この文とほとんど同じことを述べている。『列子』「湯問」篇は、「宇宙の間には、人間の常識では想像もできないような事実の存在する可能性を述べて」いるとされている（小林信明著『列子』明治書院　一九六七　二一〇頁）。

『荘子』のこの文章は、道教の不滅の真理である道《タオ》を体現した人（つまり仙人）の寿命の長さを語ったものだと私は考える。寿命の短さを生き物の虫である朝菌《ちょうきん》や恵蛄《けいこ》（夏蝉）にたとえることは、日本でも夏の間水辺にとび、交尾・産卵を終えると数時間で死ぬ昆虫の蜉蝣《かげろう》の短命さを、人の命のはかなさにたとえる。

つぎに、人の寿命と樹木の寿命の長さを比較することはあり得ない事柄である。樹木の寿命の長さでいえば、中国にあるといわれる西王母の桃は三〇〇〇年に一度実るといわれるけれども、その桃の寿命と人の寿命の長短を比較することはない。西王母の桃の寿命はどれほどの年月となるのかは記されていない。

現在世界一長寿の樹木は、アメリカ西部のシェラネバダ山脈東側に生育している「メスーゼラ」と名付けられたブリッスルコーン・パイン（Bristlecone Pine）という松の仲間で、実際に年輪で数えられた年数は、四七〇〇年以上とされている。人間による悪影響を考え、生育場所は明確にされていない。

大椿も冥霊も人名

原文の楚の南の冥霊《めいれい》以下の文章を、道家の人の著作であることを頭に入れながら、私は次のように読んだ。

楚の南にある冥霊《めいれい》は五百歳をもって春秋とし、上古にある大椿は八千歳を以て春秋とした。これが大年即ち長命である。しかるに彭祖《ほうそ》はいま寿命長きをもってひとり聞こえ、衆人はこれに比べる。また悲しからずや。湯《とう》の棘《きょく》の問うのも、これのみ。

私は一連の文章で虫の短命をまずいい、ついで道家（仙人）の現存者と過去の長命者を述べ、それから世上での噂の長命者を述べていると読んだ。これまでの人たちは、虫の短命、樹木の長命、噂の長命者を述べていると読み、樹木と人間の寿命の長短を比較しているとみたのであろう。

彭祖は、堯《ぎょう》の時代から殷《いん》（前十一世紀ころ滅亡）、または周《しゅう》（前七七一年に滅亡）まで、七〇〇年あるいは八〇〇年生きたとされる長寿者として、有名な伝説上の人物である。湯《とう》は、中国の古代王朝の一つである夏《か》を、前十六世紀ごろ滅ぼし、殷《いん》を創始した湯王のことで、棘《きょく》（夏棘という）はその家臣である。

前に触れた『荘子』のおわりで、殷の湯王が家臣に尋ねるのは、人の寿命のことばかりであると述べている。権力を得た帝王の最も高い関心事は、自分がいつまでこの権力の座にいることができるかであり、何歳まで寿命を保つことができるかである。『史記』によれば秦の始皇帝が、不老不死の仙薬を求めに東の海なかにあるといわれる蓬莱へ徐福を派遣したように、長寿に対する関心は高く、つよい。

徐福は一説には和歌山県の熊野の浦に漂着し、ここで没したとつたえられる。新宮市の熊野川河口近くに徐福の墓があり、傍らに徐福に殉死した七人の重臣を葬ったとされる七つの塚がある。徐福の墓から北方四〇〇メートルのところにある独立山塊の蓬莱山（約四〇メートル）は、徐福が不死の薬を採取したところと伝えられ、山内には薬草の天台烏薬《てんだいうやく》が生育している。

余談ながら『和歌山県の地名』（下中邦彦編　平凡社　一九八三　七三九頁）によれば、南北朝時代、臨済宗の僧絶海中津《ぜっかいちゅうしん》が明に渡り、永和二年（一三七六）明の太祖に拝謁したとき、徐福について尋ねられた、というように、帝王の生命に対する思いは深いのである。このとき絶海は、つぎの詩を賦して答えたという。

制に応じて三山を賦す
熊野の峰の前の徐福の祠
満山の薬草雨によく肥える
只今は海上の波濤穏やか
万里の好風須べからく早や帰る　（読み下しは筆者）

帝王ともなればおよそ一六〇〇年以前の先王が不老不死の霊薬を求めに派遣した者の行方を尋ねるくらい、寿命に関する関心は強い。

湯王の問いに答えるように『荘子』は、当時現存する長命者は五百歳を春秋とする楚の冥霊であり、これまでの最高齢者は八〇〇〇年を春秋とした大椿であると、実例をもって示した、と考えた。それなのにわずか八百歳の彭祖が長寿者の代表として語られることは、『荘子』にとっては「何と悲しいことではないか」というのだ。

大椿は人名であるとの私の説を二、三の人にみてもらったが、人名にするにはやや論拠が少ないとする人と、大椿が人名だとする説は成立するという人に分かれた。これまで大椿は木だとされてきたのも、より無難な木が採用されたのであろう。しかしながら、大椿という名の木は中国にはなく、冥霊も木だとする論拠も、この二つを人名とみることと同じように少ない。そこから、大椿も冥霊も人名と読めるとの解釈例を提出するも、今後の論議発展の足掛かりともなるであろう。

要するに私は、数多い春の花のなかで高貴な赤色の花を咲かせるツバキを一字で表せる椿の字は、中国にあった字を借りたもので、それは樹木を表現する文字でなくても差し支えなかったといいたい。いみじくも『大言海』がいうように、春に花があるから春と木を合わせたものである。春の木を表す「椿」の字を『荘子』でみつけた万葉時代の人はおどりあがって喜んだことであろう。

2　三輪山の山頂に咲く椿

奈良県桜井市の三輪山（標高四七六メートル）は、『古事記』中つ巻・景行天皇の条《くだり》で倭建命《やまとたけるのみこと》が、

倭《やまと》は　国のまほろば
たたなずく　青垣　山隠《やまごも》れる
倭しうるはし（古事記歌謡三一）

と詠ったように、わが国の別名となったヤマトの周囲に、青々と垣根のように巡らされた山々の一つで、円錐形をした一際秀麗な山容をもっており、山全体が神とされている。

本辺に馬酔木・末辺に椿花咲く

三輪山は山全体が神であるため、『万葉集』では三諸《みもろ》と詠われ、『日本書紀』では御諸《みもろ》と記されている。『万葉集』には、三諸の三輪山に咲く馬酔木《あしび》と椿を詠んだ歌がある。馬酔木も椿もほぼ同じ時期に咲く。違うのは花の色で、どちらも春咲く花としては数少ない色をしており、馬酔木は真っ白で、椿は真っ赤である。

馬酔木《あしび》はツツジ科の常緑の低木で、春先に円錐形の花序をなして壺状の白花をたくさん咲かせる。どこか犯しがたい気品とともに、いじらしい風情がある。白花は清浄で呪力をもつとして、神にも仏にも奉られた。

椿はツバキ科の常緑亜高木で、広い葉っぱは陽光をテラテラと照らし返す力強さと、他の樹木の樹下でも生育できる忍耐強さがあり、古代には高貴な色とされた赤色の大きな花を開く。強い生命力と呪力をもつ木として、こちらも神仏に奉られた。

三諸《みもろ》は　人の守《も》る山　本邊《もとへ》は　馬酔木花開《あしびはなさ》き
末邊《すえへ》は　椿花開く　うら麗《ぐは》し　山ぞ　泣く児守《こも》る山（三二二二）
三諸者　人之守山　本邊者　馬酔木花開　末邊方　椿花開　浦妙　山曾　泣児守山

この歌を阿蘇瑞枝は『萬葉集　全歌講義七巻第十三・巻第十四』（笠間書院　二〇一一　三四頁）で、次のように解釈している。

三諸山は、人々の大切に守っている山だ。麓にはあしびの花が咲き、頂きには椿の花が咲く。美しい山だよ。泣く子を見守るように、人々の見守っている山だよ。

阿蘇が解釈し読んだ内容について、私は椿のことを調べているとき、歌の中の馬酔木と椿の花が咲いている場所が、二つの木が本来生育している場所とは異なっていることに疑問をもった。なぜ椿が山の頂に咲き、馬酔木が麓に咲いていると解釈されるのであろうか。

馬酔木と椿の咲いている場所を特定する歌の言葉「本邊《もとへ》」と「末《すえ》邊《へ》」に問題があるのではなかろうかと考えた。

阿蘇は同書（三五頁）の語釈で、「本邊　麓のあたり」「末邊　頂のあたり」としている。阿蘇以外の万葉学者の説をみると、武田祐吉は『増訂萬葉集全注釈十　巻の十三・巻の十四』（角川書店　一九五七　一〇〜一一頁）で「本邊者は、山麓の方をいう」「末邊方は、末の方、山の上方をいう」といい、青木生子《たかこ》・井出至・伊藤博・清水克彦・橋本四郎校注『萬葉集四』（新潮社　一九八二　二三〜二四頁）は「麓には一面にあしびの花が咲き、頂には椿の花が咲く」といい、窪田空穂は『万葉集評釈第八巻』（東京堂出版　一九八五　二五四頁）で「本邊は、麓の方」「末邊は、山頂の方」といい、多田一臣は『万葉集全解5』（筑摩書房　二〇〇九　一九八頁）で「本辺麓のあたり。末辺の対」といい、稲岡耕二は『万葉集（三）』（明治書院　二〇〇六　三五八頁）で「本辺は麓のあたりや根もとの辺を言う。ここは前者」「末辺は頂のあたりや枝の先

椿

馬酔木

の方をいう。頂上のあたり」という。安蘇を含めて六人の万葉学者は、いずれも「本辺は麓のあたり」のことであり、「末辺は頂のあたり」だという。

学者たちの意見は一致している。

三諸は山であるから本《もと》といえば、山本、山元、山下となり、『広辞苑』も「山のふもと」だとする。万葉学者たちの語学的解釈は正しいが、樹木の生態はあまり詳しくないようである。

馬酔木と椿の本来の生育地

前の歌の馬酔木と椿の生育地を調べるため、植物の自生条件となる土壌水分の多少を山全体で比較すると、頂上近くの水分は少なく土壌は乾燥気味であり、中腹では平均的な水分状態の土壌で、麓の土壌水分は多く湿り気が十分にある。

一方樹木の生態からみると、馬酔木は「本州、四国、九州の乾燥した山地にはえる常緑低木」（牧野富太郎著『牧野新日本植物図鑑』（北隆館　一九六一　四六三頁））で、日当たりのよい場所を好む樹木である。『万葉集』では、「磯《いそ》の上に生《お》ふるあしびを」（歌番一六六）の二上山《ふたかみやま》の岩の上に生える馬酔木や、「草香の山の　夕暮に　わが越え来れば　山も狭《せ》に　咲けるあしびの」（歌番一四二八）の草香山の峠に繁茂している馬酔木の歌のように、的確に生態的な生育場所を詠んでいる。

椿は主として海岸の岩場などに生育する樹木だが、内陸部にも分布域を広げており、その生育場所は山の麓の方である。『万葉集』に詠われる椿も、「巨勢山《こせやま》のつらつら椿つらつらに見つつ思《しの》はな巨勢の春野を」（歌番五四）や、「八峰《やつお》には　霞たなびき　谷べには　椿花さき」（歌番四一七七）と、こちらも的確に野原や谷筋に自生する椿の生態的な生育場所を詠んでいる。

このように『万葉集』の人たちは植物の生態を理解し、実物に即した歌を詠んでいるところだが、なぜ三諸山（三輪山）を詠う歌では、馬酔木が麓で咲き、椿が山頂で咲くというような、生態的生育場所の逆転がおこったのであろうか。

三諸の神の坐す場所と馬酔木の花

別には馬酔木が歌で詠われるように本辺で咲くとすれば、それはどんな状況のものであるのだろうか。三諸山（三輪山）に馬酔木や椿の生える場所を逆転させるような、なにか特殊なものがあるのだろうか。

三輪山の遠景

歌の内容と馬酔木・椿の生態とが満足できる仮説を考え付いた。

歌の「本辺《もとへ》」の「本《もと》」のことを、『角川古語大辞典　第五巻』は「物事の中心」としている。「物事の中心」といえば、三輪山では神の坐《いま》す磐座《いわくら》をさすことになる。

三輪山をご神体（実は数多くの磐座）とする大神《おおみわ》神社には、現在は麓に神社の社殿様の建物が存在しているが、それは拝殿で、そこから三輪山の山体（磐座）を拝むのである。

磐座とは神が鎮座される場所のことで、山中の大岩のように、大地のエネルギーが土を貫いて露出している場所である。三輪山の磐座は、中腹から頂上にかけて存在している。それだから三輪山の中腹から頂上にかけて存在する磐座の周り、つまり三輪山の神の本辺は、日当たりのよい乾燥した土壌で、馬酔木の生育に適した地を形成していた。

一方、神の坐すところからは末辺にあたる麓の方は、椿の生育に適した条件となっていた。また神域の椿の生育地の延長上の麓の野には、『万葉集』で海石榴市《つばいち》と詠われる市の集落があったことも、三輪山麓の神域の椿との関連性がうかがわれる。海石榴は『万葉集』における椿の表記方法の一つである。海石榴市は、本来は「つばきいち」とよむところを、つづめて「つばいち」という。

したがって三輪山の神の坐す磐座のあたりつまり本辺《もとへ》には馬酔木が生育し、神の坐す磐座から離れた末辺の麓には椿が生育していたとすれば、二つの樹木の本来の生育地と食い違いなく説明できる。

泣く子守る三諸の歌の読み方

以上のことから前掲の『万葉集』の歌番三二二二の歌を解読するには、もう一つ重要なことがあった。三輪山は山容が秀麗で威厳があるだけでなく、斎き祀らなければ祟りをもたらせる恐ろしい山であった。

『日本書紀』巻第五（宇治谷孟『全現代語訳日本書紀上』講談社学術文庫　一九八八　一二二～一二四頁）の崇神《すじん》天皇五年～七年の条《くだり》には、三輪山の神である大物主神の祟りで、疫病が流行し民の半ばが死亡するなど国が治まらないので、崇神天皇は朝夕に天神地祇に祈ったがだめであった。そののちに天皇は夢のお告げにより、三輪山に坐《いま》す大物主神を祀ったところ、疫病は治まり五穀はよく稔ったことが記されている。

以上のことから、前掲の歌を次のように読んだ。

三諸《みもろ》は人々が（斎き）守る山、（この山の神の坐す）本辺には馬酔木の花が咲き、（この山の神の坐すところから離れた）末辺には椿の花が咲く。（山の容《すがた》も、花咲く山肌も）美しい山だよ。（しかしながら聞き分けのない）泣く子（のようながら祟りをする恐ろしい坐す神）を見守る山だよ。

人々が口ずさむ歌としてカッコ書きのところをそのまま詠うと、崇神《たたりがみ》の正体を明かにすることとなり、その結果三諸の神に祟られては困るので省略し、呪力をもつ馬酔木と椿の花を添え、山褒めの歌のように山を飾りたてたのではなかろうか。

少しばかり樹木の生態を知っていたので、これまで万葉学者が解読した「本辺に馬酔木が咲き、末辺に椿花咲く」は誤読だとの仮説を組み立ててみたのである。しかしながら、三輪山の磐座が本当に中腹から頂上にかけて存在するのかを確かめ、裏付けしておくことが必要がある。

以前勤務していた近畿大学中央図書館で閲覧した、『大神《おおみわ》神社社史』（大神神社社史編修委員会編　大神神社社務所発行　一九七二）の「第一章　神体山の考古学的背景」によると、神体山内には古い社伝として三磐座（奥津磐座・中津磐座・辺津磐座）の存在があり、「奥津磐座とは山頂の石群、中津磐座とは標高三～四〇〇メートルの中腹の石群（二か所にわたる）、辺津磐座とは山麓の石群をさす（同書二五頁）とされる。山麓の辺津磐座の標高はおよそ二二〇メートル、地形は谷底なので、馬酔木の生育問題は考えなくてもよい。三磐座の他の二つ奥津磐座と中津磐座は尾根上に存在しており、馬酔木の生育地としての条件を整えていた。

ここまでは私の論旨に合致するので、しめしめと内心ほくそ笑んでいた。ところが三輪山の神は時の天皇に罰を与えるほどの一筋縄でいかない威力ある神なので、前に触れた書の「第十六章　三輪山の植物」が、ここまでの論旨をひっくり返すどんでん返しを与えてくれたのである。

同章には昭和三十四年（一九五九）に『大三輪町史』作成のとき行なわれた、三輪山全域の植物調査の集約が記されていた。

それによると山の中腹以下の地帯、つまり麓の方の「低木層には、（略）ミヤマシキミ・アセビ等が生育している」（同書七〇八頁）とあり、頂上は「山頂の片原地帯には、クロバイ・サカキ・ヒサカキ・シャシャンポ・ヤブツバキ・ソヨゴ等」（七〇九頁）が生育しているとされていた。まさに『万葉集』がいう「本辺（麓）には馬酔木花咲き」「末辺（頂上）には椿花咲く」植生となっていた。

事実は奇なりといわれるが、まさにそのとおりで、私の仮説はあえなく潰え、万葉学者の名誉は損なわれることはなかった。それにしても万葉歌人たちはどのようにしてこの事実を知ったのであろうか。その事実を的確に歌に詠む力量には、ほとほと感服し感嘆したのであった。

第七章

楓と紅葉

楓とはカエデ科の樹木の総称

カエデは楓と漢字で書くが、これについては何事も中国の詩文に典拠を求めた古代律令貴族の知識人たちが、詩文に現れる紅葉の美しい楓《ふう》の字を見つけ、これをカエデに当てたのである。そのため後世の人々が混乱するようになった。

楓《ふう》はマンサク科の樹木で、わが国のカエデとは植物分類学上では、大変違っている。楓《ふう》は中国では重要な薬用植物であり、用材としても高く評価されている樹木で、これで家を建てると二〇〇年は保つといわれている。現在ではわが国でも街路樹や公園樹として、あちこちで植栽されている。楓《ふう》の葉は三裂片で、赤いオレンジあるいはもっと濃い紫に近い色のきれいな紅葉をみせるが、京都ではカエデの方が美しい。

フウとカエデと同じ漢字を使うので、はなはだ紛らわしい。ここではカエデを「楓」の漢字を用いて記述し、フウは特別なこと以外は片仮名表記でフウと記していくことにする。

楓はカエデ科カエデ属の総称名で世界に約一〇〇種あり、そのすべて

フウ（マンサク科）

イロハモミジ（カエデ科）

が北半球の温帯地方に分布し、南半球にはない。わが国には約二〇種が自生している。学者により二〇数種を上げていることもある。ほとんど落葉高木である。観賞用として庭木や盆栽として栽培されている。

世界的な分布は、中国が約六〇から七〇種、日本が約二〇種、ヨーロッパに数種、北アメリカに約一〇種、その他は中国以外のユーラシアで数種となる。国土の狭い国の割には、日本は楓の種類が多い地域である。

楓には園芸品種が多く、とくに日本産の種に属するものが多い。日本および中国原産の園芸品種は、現在確認されるもので約二〇〇種、異名同種のものも含めば、文献的にはほとんど四〇〇種におよぶといわれている。

楓（カエデ属）の葉っぱの秋の変色には、紅色と黄色の二色があり、日本産の種のうち約半数ずつが、紅色と黄色に分かれる。紅色のもの以外は、ほとんど黄色系統となる。

紅色の楓の種類

山紅葉《やまもみじ》、伊呂波紅葉《いろはもみじ》（高雄紅葉）、板屋名月《いたやめいげつ》、峰楓《みねかえで》、花楓《はなかえで》、羽団扇楓《はうちわかえで》、梶楓《かじかえで》、三手楓《みつでかえで》（この種は黄色となるものもある）、目薬の木、小峰楓《こみねかえで》の一〇種である。〔注：ハナカエデはハナノキ、イタヤメイゲツはコハウチワカエデ、イロハモミジはタカオモミジ・カエデ・コハモミジともいわれる。〕

黄色系統の楓の種類

狩野秀頼『観楓図屏風』（部分）　室町時代、東京国立博物館

楓の若葉

鎌倉・瑞泉寺の紅葉

一《ひと》つ葉《ば》楓《かえで》、千鳥《ちどり》の木、瓜肌楓《うりはだかえで》、麻葉楓《あさのはかえで》、猿猴楓《えんこうかえで》、板屋楓《いたやかえで》、黒皮板屋《くろびいたや》、丸葉楓《まるばかえで》は、黄色が強い。楓の紅葉（黄葉）を賞した起源は、奈良時代にはじまる。『万葉集』巻一に収められている天智天皇の時代に、天皇が春山の万花の艶と秋山の千葉の彩《いろどり》を競わされたときのことである。額田王が「冬ごもり春さりくれば、なかざりし、鳥もきなきぬ、（中略）秋山の木葉《このは》を見ては、黄葉《もみじば》取りてぞしのぶ（略）（一六）の有名な歌が、そのことを伝えている。

奈良時代には、秋の広葉樹の黄葉（紅葉）では、人目をひく紅色よりも黄色になった葉っぱの方を偏重していた。これは黄土地帯に発した中国の漢民族の黄色を最高とする色彩感覚が、遣唐使をとおしてわが国の貴族たちに浸透していたためとする説がある。

平安時代になると、ひときわ目立つ紅葉となって山々を彩る楓にしぼって、古来から著名な大和国の龍田山に加え、山城国の高雄・栂尾・嵐山・貴船等を名所としていった。これらの名所は、里山であって、人々が往来する地で、谷間にはことに美しく紅葉する伊呂波紅葉《いろはもみじ》が生育していた。秋の紅葉を愛でるため、伊呂波紅葉以外の雑木を伐りのぞくなど手入れをしたであろうことは、十分に想像できる。

なお、伊呂波紅葉には高雄紅葉《たかおもみじ》という別名があるが、これは山城国の高雄山（現在の京都市右京区梅畑）に多く生育しているところから名づけられたもので、その紅葉は楓のなかで最も美しい。高雄といっても、東京都八王子市の高尾山のことではない。

平安貴族たちは楓の美しさをわが物として、寝殿造りの庭園で前栽《せんざい》として、あるいは中庭にあたる壺庭に紅葉を飾ったのである。また社寺の林泉《りんせん》にも、楓は盛んに用いられた。

楓の紅葉の時期

楓に代表される紅葉・黄葉は、秋になって葉が落ちる前の、葉の付け根にできる離層《りそう》という一種の隔壁の形成によっておきる現象である。葉の光合成によって生産されたデンプンや糖が隔壁のため、その移送を阻まれ、必要以上の糖分が葉の細胞液のなかにたまってしまう。

その結果、葉の中にある黄色素のフラボノールが、過剰の糖類で還元され、赤色素のアントシアニンに変わる。したがって糖分が蓄積しやすい植物ほど美しく紅葉するわけで、糖分を多く含むカエデ科、バラ科、ブドウ科、ニシキギ科、ウルシ科、ツツジ科などがいちじるしい。

このアントシアニンは単一のものではなく、フロバフェン

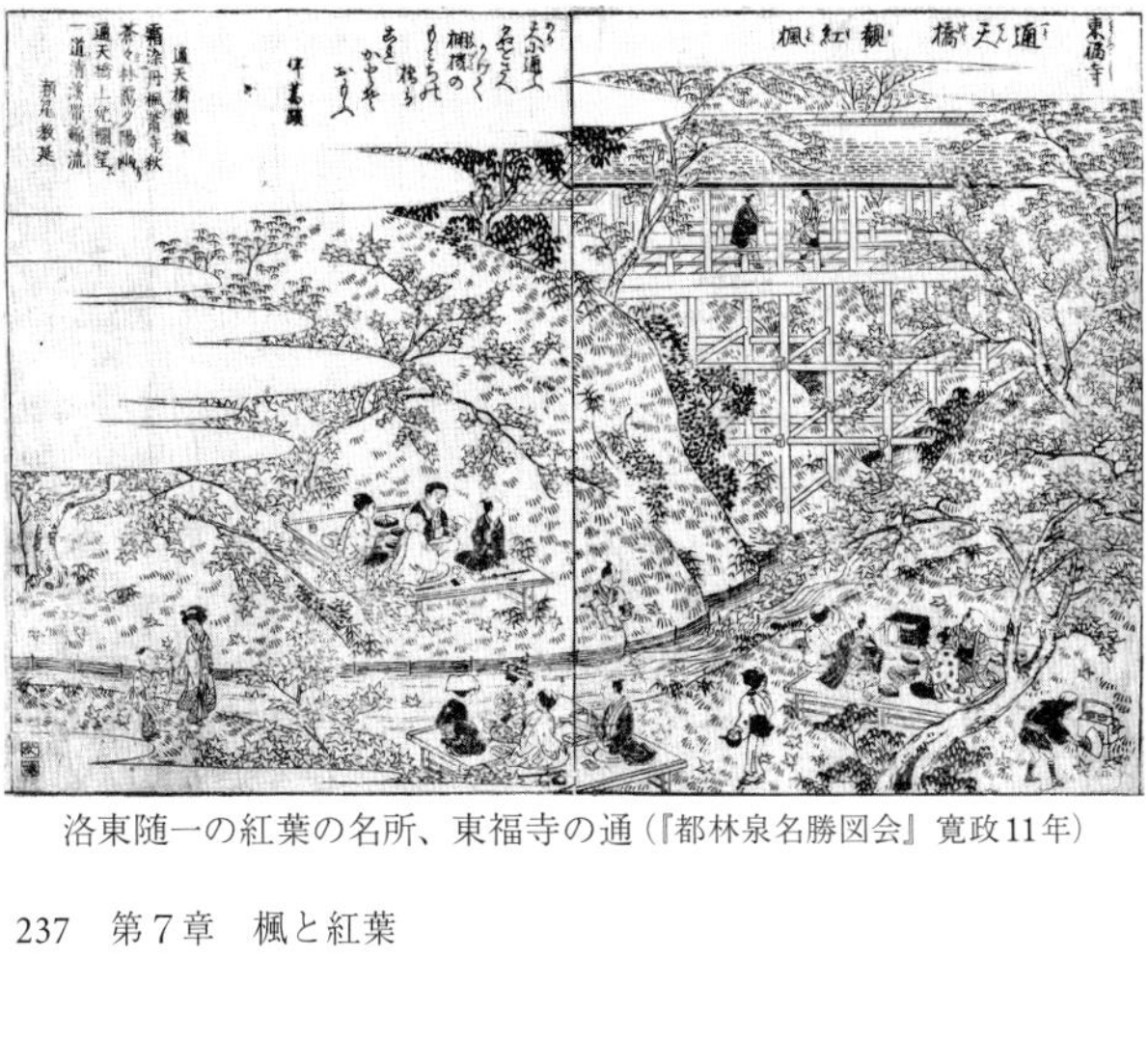

洛東随一の紅葉の名所、東福寺の通（『都林泉名勝図会』寛政11年）

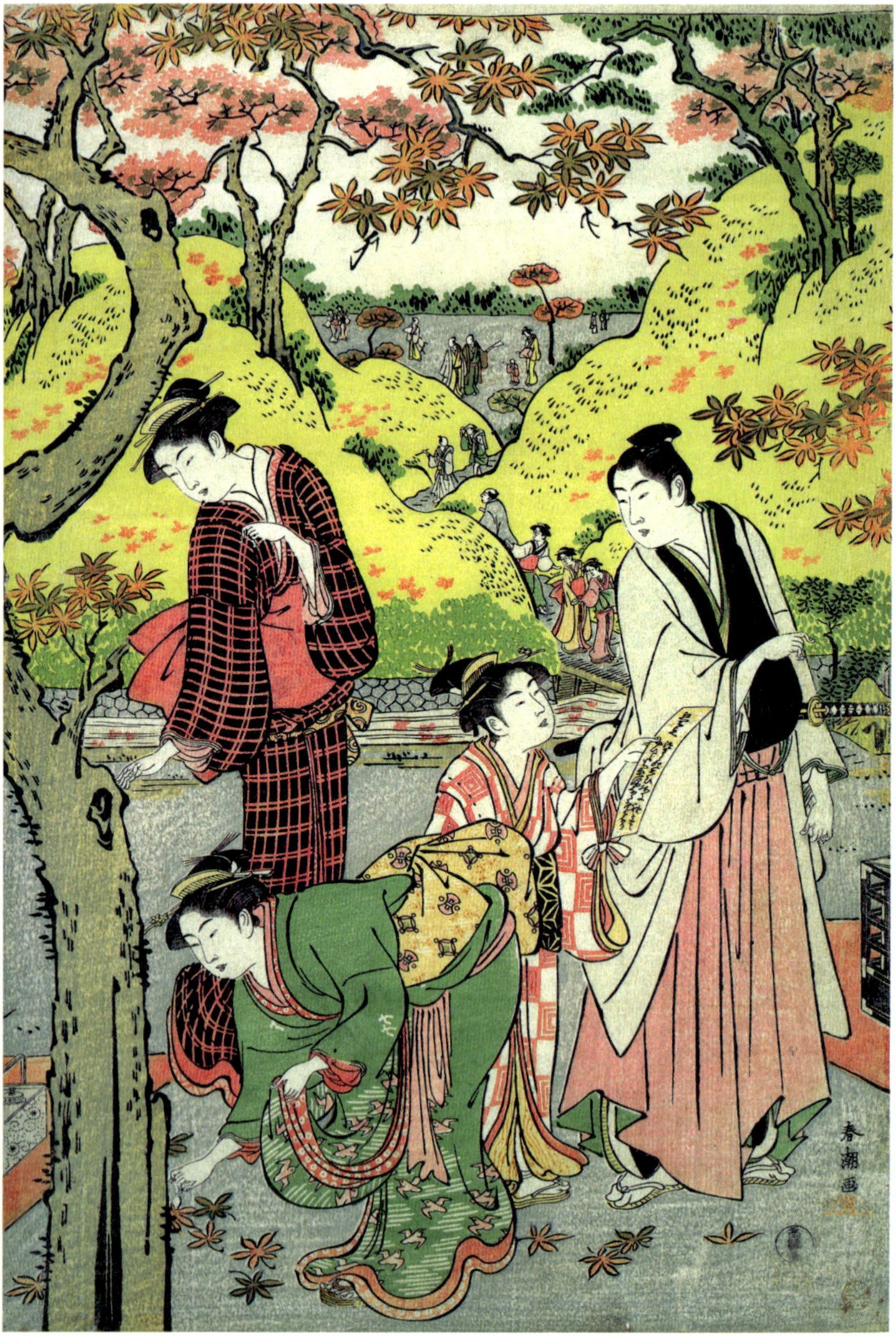

御殿山の桜と並ぶ江戸名所として有名だった鮫洲・海晏寺の紅葉
（勝川春潮『海晏寺の楓狩』〔三枚続の一枚〕 メトロポリタン美術館）

下総国の真間山弘法寺にあった楓の名木
(歌川広重『名所江戸百景　真間の紅葉手古那の社つぎ橋』安政4年、ボストン美術館)

やクリサンテミンなどの、美しい色を現す濃い色素が中心になり、他の色素もいろいろな割合でまじりあう。また葉緑素が分解しかかってできた黄色のカロチノイド系色素も作用する。そこで葉の一枚ごとに色調がちがって見えるのである。

紅葉は、一般に日最低気温が八℃を割るとしだいに色づきはじめ、五℃から六℃を割るようになると、急速に紅葉が進む。

秋になって日中の気温はまだかなり高いが、夜には急に冷え込むころが、紅葉発現の時期にあたる。気温と同時に、雨も少なくなってやや乾燥し、直射日光が強いと、美しい紅葉が生じるともいわれている。

黄葉は、クロロフィルの分解によって緑色が薄れるとともに、もともと葉緑体の中にあるカロチンやキサントフィルなどの黄色の色素が目立つようになるため、生じるのである。

このような条件があるので、秋季に降雨が多く、大気の湿度が高く、晴天の少ない年は紅葉の美しさが劣る。美しい紅葉をみるには、陽光を十分に受け、日中の温度は高く、夜間に急に冷える程度が強く、水分の少ないことが条件となってくる。

日射が不足し、水分の多い土地に植えた楓は、紅葉の美しさが悪い。紅葉は、花の開花前線とは逆に、北が早く、南が遅く、山では頂上が早く、麓が遅い。紅葉前線は、北から南へ、標高の高いところから低いところへと、一日平均約三〇キロの速さで移動する。

ついでに、里山でよく見かける樹種と、葉っぱの色を掲げておく。

紅　アカシデ、ミツバツツジ、アサヒカエデ、マルバウツギ、ガマズミ、ミズキ、ヤマコウバシ、ミズナラ

紅黄　ウシコロシ、ヤマハゼ、サクラ

鮮紅　コゴメウツギ、シラキ、キヅタ、ツタウルシ、メグスリノキ

黄　ウリノキ、サンシュユ、トキハカエデ、ダンコウバイ、アブラチャン、ドロノキ、イチョウ、ヤマグワ、コウゾ、ムラサキシキブ、キハダ、フジ、イヌエンジュ

楓をなぜモミジとよぶか

わが国にはカエデ科カエデ属の樹木が二〇種以上も自生しており、それぞれに春の芽だちから若葉のころ、秋の紅葉が美しいので、鑑賞の対象とされてきた。カエデの語源は、カエデ属の葉っぱが蛙の手に似ているからだとされ、その論拠に『万葉集』巻八の大伴田村大嬢《おおいらつめ》が、妹の坂上大嬢に与えた和歌のなかの「かへるで」が、例としてあげられる。原文では「蝦手《かへるで》」と記されている。この蝦《かへる》は、ふつうの蛙ではなく、蝦蟇《がまがへる》の方の手だとされている。

わが屋戸にもみつかへるで見るごとに妹に懸けつつ恋ひぬ日はなし（一六二三）

この歌の「かへるで」は、「わが屋戸の」と限定して詠っているように、山に生育しているではなく、明らかに庭園に観賞用として栽培されているものと考えられる。奈良時代になると楓はすでに邸宅を飾る樹木としての地位を築き、植えられ、愛でられていたことが、この歌からわかる。

また楓を俗にモミジ（紅葉）とよぶのは、もともとカエデモミジ、モミジカエデといっていた語が省略された形であるといわれている。

モミジはもともと紅葉（または黄葉）をいい、楓は秋の紅葉（黄葉）の美しいものの代表的な樹種であることから、いつのことからかわからないがモミジといえば楓のことを言うようになったのである。ただしく言えば、ハジモミジ（櫨紅葉）、ウルシモミジ（漆紅葉）、カキモミジ（柿紅葉）、サクラモミジ（桜紅葉）、ウメモミジ（梅紅葉）等、それぞれの樹木の紅葉（黄葉）のことをさしていうべきであった。

『万葉集』では、楓、桜、柞《ははそ》（櫟・小楢の古称）等の紅葉・黄葉をあわせて、「毛美知波《もみじは》」として黄葉七六首を、紅葉六首を収録している。巻十四には、「かへるで」と「もみつ（紅葉・黄葉）」を明確にわけた歌がある。

児毛《こも》地山《ちやま》若かへるでのもみつまで寝《ね》もと吾《わ》は思《も》ふ汝《な》はあどか思ふ（三四九四）

歌の意は、子持ち山のあの若々しい「かへるで」が、「もみつ（色づく）」まで、一緒に寝ていようと思うが、貴方はどう思うか、である。

幕府の命を受けた屋代弘賢が、文政四年（一八二一）から天保十三年（一八四二）にかけて編集した『古今要覧稿』の草木部紅葉は、楓を「もみぢ」ということについて、次のように記している。

紅葉おほしといへども、かへでは諸木にすぐれてよく染まる樹なれば、もみぢといへばかへでの如く聞ゆるは、歌にも桜を花とのみよめるがごとし。この名むげに、近き世のことやとおもひしに、もみぢの紅葉とよみてわらわれしこと、袋草紙に見えたれば、その頃すでに世俗にはかへでをさしてもみぢといひしことあきらかなり

ここにいう『袋草紙《ふくろぞうし》』とは、平安時代に藤原清輔が保元二年（一一五七）に著した歌学書で、歌会作法、故実、逸話などが収録されている。その書物に、「もみぢの紅葉」と詠んで笑われたというのである。したがって「楓」をさして、平安時代にはすでに「もみじ」と呼んでいたことは明らかである。

楓は若葉・新芽も愛でられる

楓は秋の紅葉が素晴らしいのであるが、紅葉ばかり賞でられたのではなく、春の芽立ちのとき花を思わせるほど真紅の芽をふきだす。その芽の美しさも評価されていた。

平安時代初期の男女の風流な生活を叙した歌物語に、『伊勢物語』がある。成立年未詳だが、一応承応五年（九三五）から天慶八年（九四五）あたりに作られたとみられており、作者も不詳である。『伊勢物語』

第二〇段に、春先の赤い芽立ちの楓の枝を女に与え、別れを告げる場面がある。

むかし、をとこ、大和にある女をみて、よばひてあひにけり。さて、ほど経て、宮づとめする人なりければ、帰りくる道に、三月《やよい》ばかりに、かへでのもみぢのいとおもしきを折りて、女のもとに道よりいひやる。

君がため折れる枝は春ながらかくこそ秋のもみじしにけるとてやりければ、返事《かえりごと》は京に来著きてなむ持てきたりける、いつの間にはうつろふ色のつきぬらん君が里には春なかるらし

物語の男は、奈良の女と結婚し、何カ月か経った。都で勤めをしているので、都へと帰る三月になっていた。楓の芽立ちのころで、真っ赤な新芽の美しい楓の枝を折りとり、道すがら楓の枝を示しながら、「春というのに、このように秋のもみじである」との歌をそえ、女に別れを告げたのである。歌の秋には、「飽き」がかかっており、春だというのにもうお前には飽きたというのが、歌の意味であった。

『源氏物語』も楓の若芽を賞している。「胡蝶の巻」では雨上がりの夕方、光源氏の前にみえる若楓や柏木が、青々と茂り合っているのが、何となく心地よく清々しいものであった。

それが姫君（玉鬘）の艶のある際立った美しさを光源氏に思い起こさせ、しのびやかに姫君のところへ、渡っていく様子を、「御前の若楓・柏木などの、青やかに繁りあひたるが、何となく心地よげなる空を、見いだし給ひて、「和して、また清し」と、誦し給うて」と記している。楓の新芽の若々しく美しい様

をみて、光源氏は玉鬘の楓の新芽に似た容姿を連想させたのである。

「柏木の巻」は、柏木と楓の若枝が交差しているところを、描写している。

おまへの、木立ども思ふ事なげなる気色を見給ふも、いと物あはれなり。柏木と楓との、物よりけに、若やかなる色して、枝さしかはしたるを、

「いかなる契りにか、末逢へる。たのもしさよ」

と、のたまひて、忍びやかにさし寄りて

柏木と楓の木はまだ若葉色で、梢の方で枝を交差させており、どういう約束なのか、末は逢えるので楽しみに思われると、ここでも若い女性と若楓が結びついている。

『枕草子』の「花の木ならぬは」の段でも、楓の若葉や花を描写している。なお、「花の木ならぬは」とは、花の咲く木以外ではの意味である。

花の木ならぬは、かへで、かつら。五葉。そばの木。品なき心地すれど、花の木ども散りはてて、おしなべて緑になりたる中に、時も分かず濃きもみじのつやめきて、思ひもかけぬ青葉の中よりさし出でたる、めずらし。（略）

五月に、雨の声をもなぶらんもあはれなり。かへでの木のささやかなるに、萌《も》え出でたる葉末の赤みて、同じ方《かた》にひろがりたる葉のさま、花もいとものはかなげに、虫などの枯れたるに似てをかし。

『枕草子』は、美しい花の咲く木ではないが、庭園を飾る樹木の第一に楓を掲げている。桜、山吹などの春の花が散ったのちの、ほとんど緑一色となった中に、濃い緑のつややかな「もみじ」の葉が思いがけないところに見えるのも、新鮮なものだ。そして五月の楓の萌え出た新芽の葉末が赤くなり、また小枝の先ついた花は、小さく儚げで、虫の死骸のようにも見えて、風情があるものだと、している。

『徒然草』第一三九段は、「家にありたき木」として、松、桜、五葉、一重の桜、梅は薄紅梅、柳と列挙したのち楓となる。楓は「卯月《うづき》ばかりの若楓、すべて、万《よろず》の花・紅葉《もみじ》にもまさりてめでたきものなり」と、記している。『徒然草』の作者は、六月の若楓は、家にありたき木として掲げてる木々や花にも、そして同じ楓でありながら秋の紅葉よりも優っていると絶賛しているのである。

紅葉狩り

山に出かけて、色づいた紅葉を眺めながら、散策することを紅葉狩《もみじか》りという。楓は秋の紅葉がすばらしくきれいであるが、紅葉の鑑賞は楓樹ばかりでなく、里山に生育している落葉松、小楢、櫟《くぬぎ》、欅《けやき》、漉《こし》油《あぶら》、山桜、ぬるで、漆、櫨《はぜ》、山毛欅《ぶな》、柏、蔦《つた》、蔦漆等の木々が、あるいは紅葉に、あるいは黄葉や褐色葉に、とりどりの特色を出して、山々をいわゆる錦で飾る姿を、山が紅葉《もみじ》の錦となったとして賞したものである。

日本の山は、色づく紅葉樹のなかに杉、檜、樅、五葉松、蝦夷松、トドマツといった針葉樹の緑があり、錦が綾なすといわれるほど、色彩は多彩である。山々によって、また同じ山でも微妙な色の違いが現れるのは、美しく染まる「もみじ」の楓の種類と、数が豊かであるからだ。

しかし、春の花見、秋の観楓《かんふう》と称されるように、紅葉のもっとも美しいのは楓である。

ついでながらヨーロッパでは、日本のように赤が勝る紅葉はみられないという。もちろん落葉広葉樹は色を変えるが、それは黄褐色や黄色が多い。北米では、カナダのサトウカエデが赤く染まるが、彩は単調だといわれる。

紅葉狩りは、単純には伊呂波紅葉の紅葉を観賞するために、野外に出かけることを意味しているが、『万葉集』の時代には秋になり種々の草木が紅色や黄色に染められたものを見に出かけるように、広く解釈されていた。

『源氏物語』をはじめ、多くの文芸作品の表現は紅葉となっており、紅葉とは単純に伊呂波紅葉の赤く染まった葉を意味するようになり、以後現在にまで及んでいる。

古来、紅葉の名所として知られているところは、大和国竜田川（現奈良県斑鳩町）で、ここの紅葉は楓ばかりでなく、他の紅葉・黄葉する樹種がたくさんあって、それぞれの樹種が独特の色彩にかわるためいわゆる紅葉《もみじ》の錦とみられる、絢爛たる姿になるとされている。『百人一首』に収められた在原業平の詠んだ、「ちはやぶる神代も聞かず竜田川からくれなひに水くぐるとは」の歌は、よく知られているところである。歌の意味は、ふしぎなことが多かった神代でも聞いたことがない、竜田川に真っ赤な紅葉が散り落ちて、その下を水がくぐって流れている、というのである。竜田川では、川の流れを覆い隠すほど、紅葉の落葉が舞い落ちてくるというのである。

『平家物語』巻六にあるエピソードである。高倉天皇は紅葉が好きで、内裏の小山に櫨《はぜ》や楓を植えて、日ごろ眺め暮らしておられた。ある夜、野分が激しく荒れて、木の葉や枝が散ってしまったのを、召使たちがかき集めて、酒を温める薪にしてしまった。御付きの者が天皇がどんなに怒られるか心配していたが、ことの次第を聞かれた帝は、「林間に酒を温めて紅葉を焼く、という詩の心を誰が教えたものであうか。風流なことよ」と笑ってすまされた。

謡曲「紅葉狩」は、平維茂《たいらのこれもち》が、深山に紅葉を訪ね、美女と出会って盃を交わしているうちに、美女が鬼女の本性を現すというストーリーである。鹿狩りに出かけた平維茂は偶然、燃えるような紅葉の美

大和国の紅葉の名所、竜田川
（歌川広重『六十余州名所図会』）

しい山で、上臈《じょうろう》たちが紅葉を賞で、木陰で休息しているところに行き当たった。見慣れない上臈たちを不審に思っていると、「さる高貴な女性」との言葉に、宴遊を邪魔しないように馬からおりて迂回しようとするが、女に誘惑され、幕の内に誘い込まれて酒をすすめられる。いつの世でも、女と酒に弱いのが、男の性《さが》である。

女は舞をまい、平維茂をもてなす。酒色に丸め込まれた平維茂が酔いつぶれ寝てしまうと、女は恐ろしい鬼神となって、火炎を放ち、虚空に炎を降らせて、平維茂に襲いかかってきた。八幡神のお告げで女を鬼と知り、神剣をいただいていた平維茂は、格闘のすえ、鬼女を退治するのである。この話は歌舞伎にもなり、現在もしばしば上演される。

日本美術や句歌の紅葉

日本美術の楓は、秋の紅葉が山中や庭の木として描かれることが多い。また葉が文様として香合《こうごう》、皿、菓子などに取り上げられることがある。絵画や文様として楓を描くことは、わが国

悪鬼を退治する平惟茂
（月岡芳年『新形三十六怪撰』）

独自の美術で、文明・文化の先進地であった中国から学んだものではない。

平安時代後期に描かれた『源氏物語絵巻』は、わが国最古の絵巻だが、「帚木《ははきぎ》」と「紅葉賀《もみじのが》」の場面に、庭に栽培されているものが描かれている。さらに鎌倉時代の『北野天満宮縁起絵巻』、『駒競《こまくらべ》 行幸《ぎょうこう》絵巻』などでも、庭先で紅葉している楓を見ることができる。

桃山時代に狩野秀頼が描いた国宝の『高雄観楓図屏風』のような絵画は、世界のどこにもない。紅葉の名所として名高い高雄の清滝川のほとりで、紅葉の下で着飾って酒食を楽しむ男女や僧の姿と、社寺へ向かう橋を前景に描いている。楓の葉の赤が全体にちりばめられ、画面の彩は豊かである。画面は秋の景となっているが、一部に冬の景色も描かれている。

美術工芸の図案として、楓の紅葉と鹿が組み合わされ、用いられるようなった。「紅葉に鹿」は取り合わせのよいものに例

冠に紅葉を挿して舞う頭中将（『源氏物語色紙貼付屏風』江戸時代）

えられる。そこから鹿肉がモミジといわれるようなった。

猪はボタンで、花札では猪と萩になっている。紅葉と動物を組み合わせる時は、鹿だと決まっており、花札のデザインもこれである。この組み合わせは、『古今和歌集』巻四のよみ人知らずの次の歌による。

奥山に紅葉《もみじ》踏みわけ鳴く鹿の声聞く時ぞ秋はかなしき（二一五）

鹿が踏み分けている「もみじ」は、鹿が踏み分けられる大きさの草木としては楓よりも萩のほうが妥当ではないかとする説がある。

わが国に生育している楓の種類は多いが、日本美術に描かれている楓の種類を植物学者の北村四郎が調べている。その結果、伊呂波紅葉《いろはもみじ》と大紅葉《おおもみじ》の二種であったと『園芸大辞典』で解説している。なお、この二種の分布地は、伊呂波紅葉は福島県以西の本州、四国、九州、朝鮮半島、中国（長江流域、北は山東省から浙江省）であり、大紅葉は北海道、本州、四国、九州である。

北村四郎は、わが国の花鳥画六九八点を調べ、そのなかにカエデ属の描かれたものが四一点あった。そのうち

楓鹿蒔絵硯箱
（江戸時代、東京国立博物館）

伊呂波紅葉と思われるものが一九点、大紅葉と思われるものが六点、どちらとも判らないものが一六点であった。北村四郎は調べるにあたって、伊呂波紅葉は葉が小裂片は五から七裂、大紅葉は葉がより大きくて裂片が七から九裂であるので、裂片の数をよりどころにしたが、絵画では実写ではなく、概念化されていて、どちらに決めるか難しい場合が多かったという。

平安のころから、「雪・月・花」とともに、紅葉の美しさは詩歌の主要な題材とされてきた。春の花見、秋の観楓といわれるように、落葉樹のなかでもっとも紅葉が美しいのが楓といわれる。

和歌の世界では楓は「もみじ」と詠まれ、楓そのものを詠む歌は少ない。楓と詠む場合は、若葉の美しさをいうことに用いられることが多い。

小倉山峯のもみじ葉こころあらば今ひとたびの御幸待たなん　藤原忠平
見渡せば花ももみじもなかりけり浦の苫屋の秋の夕暮れ　藤原定家
秋来ぬと空に知りてや若かへでこずえ錦のもみじそむらん　教長
春雨に若かへでとて見しものを今は時雨に色かはりゆく　慈円
あかかりし芽どきはすぎて楓の若葉しづかになりにけるかも　土田耕平
身近くの一木の楓枝ぐみのみやびやかそよもみじ葉つけて　木下利玄

俳諧では、楓は一般的に秋の季語として「もみじ」と詠まれるが、楓の芽（仲春）、楓の花、花楓、もみじ咲く（晩春）、青楓（夏）、楓、かえるで、楓紅葉、紅楓《こうふう》、楓散る（晩秋）等と詠まれる。

三井寺や日は午《ご》にせまる若楓　蕪村
ちりぬるをかくは楓のいろは哉　野々口立圃
都びし色や楓のつまはずれ　谷　素外
人の子もはじめくれなゐ楓の芽　清水里見
マジックや空に湧き立つ楓の芽　大滝喜恵
湧水の水輪尽きざり花楓　石橋典子
翁気取ればいたやかえでが花こぼす　福田太ろを

楓を含む紅葉は、小学生の唱歌として歌われてきた。明治四十四年（一九一一）六月につくられ『尋常小学唱歌（二）』には、文部省唱歌として高野辰之詞、岡野貞一曲の「紅葉」が収められている。

紅葉（一番のみ掲げる）

秋の夕日に照る山紅葉
濃いも薄いも数ある中に
松をいろどる楓や蔦は
山のふもとの裾模様

近世の楓大ブーム

楓は中世以降、庭園樹として欠くことのできないものとされてきた。近世に至ると、江戸市民たちに園芸のブームが起こる。

「寛永（一六二四から一六四四）の椿」と称される椿の流行

「寛文から貞享（一六六一から一六八八）の躑躅《つつじ》」といわれる躑躅の流行

「元禄から享保（一六八八から一七三六）の楓」といわれる楓の流行

時代によって流行となる対象樹木がかわっているが、それぞれ大流行となった。元禄以降、楓は紅葉盆栽として、園芸の主流となり江戸市中でもてはやれた。

江戸の北郊である染井村の植木屋伊藤三之丞とその子伊藤伊兵衛政武の著作から、楓の新しい品種が生み出される経過をみてみよう。

元禄八年（一六九五）の『花壇地錦抄』　二三種の楓

宝永七年（一七一〇）の『増補地錦抄』　楓の新品種三六種追加

享保四年（一七一九）の『広益地錦抄』　楓の新品種三六種追加

享保十八年（一七三三）の『地錦抄付録』　楓の新品種二六種追加

これによると元禄八年から享保十八年という三九年間に、もともとは二三種であった楓の品種が、一二一種にまで増加している。盆栽の楓は、樹形や枝ぶりよりも、葉の色や形が珍しいもの、「へりとり」「斑」など、楓独特の性質をもつ珍品、奇品がもてはやされた。園芸品種は、野生種の突然変異を品種化した無性繁殖のもので、交配による種子から作り出されたものは一つとしてない。

『地錦抄』は、現在では江戸時代の得難い園芸書として高く評価されているが、実はといえば植木屋を本職としている伊藤三之丞らが、顧客たちに私の店にはこんな植木がおいてありますよと、説明するためのカタログであった。だからいろんな種類の草木、品種のものが顧客の需要に応えるためカタログに載せられているのである。

『地錦抄付録』巻四は、

「前後歌仙楓と名付けて九八種の色数《しきしゅ》先にありて不断のながめとなりぬ。今また唐土《とうど》渡りの楓、ここらの名楓《めいふう》とよぶ品あるいは葉形のかはり、秋の色すぐれたるもの二八種追加して一〇〇種のもみちとなりぬ」

と、奇を追い他人のものとは変わったものを求める風潮があっ

江戸の紅葉の名所、品川・東海寺（『江戸名所花暦』文政10年）

たことが記されている。「唐土渡りの楓」といわれる楓は、いま「唐楓《とうかえで》」といわれている中国原産の落葉高木である。紅葉が美しく、古くから街路樹、庭園樹として植えられている。

元禄時代からはじまった楓の新品種づくりであるが、わが国に数ある紅葉する樹木の中で、栽培で多数の品種をうみだしたのは楓だけである。そして楓の栽培品種は珍しくも、つぎのように多くの異なった種《スピーシス》から作出されている。

葉団扇楓《はうちわかえで》　葉型が絶妙といわれる品種群で、舞孔雀、孔雀錦、黄金板屋、三笠錦、板屋名月、衣笠山、金隠れ等

板屋楓《いたやかえで》　常盤楓、星宿

瓜《うり》　楓《かえで》　初雪楓

伊呂波楓《いろはかえで》　茜、限り錦、旭鶴、舞森、千潮、清玄等

大《おお》　楓《もみじ》　春から秋まで美しい紅葉が続く品種群で、野村、大盃、金蘭、夕暮、大鏡等

江戸の紅葉の名所、鮫洲・海晏寺
（二代歌川広重『東都三十六景』）

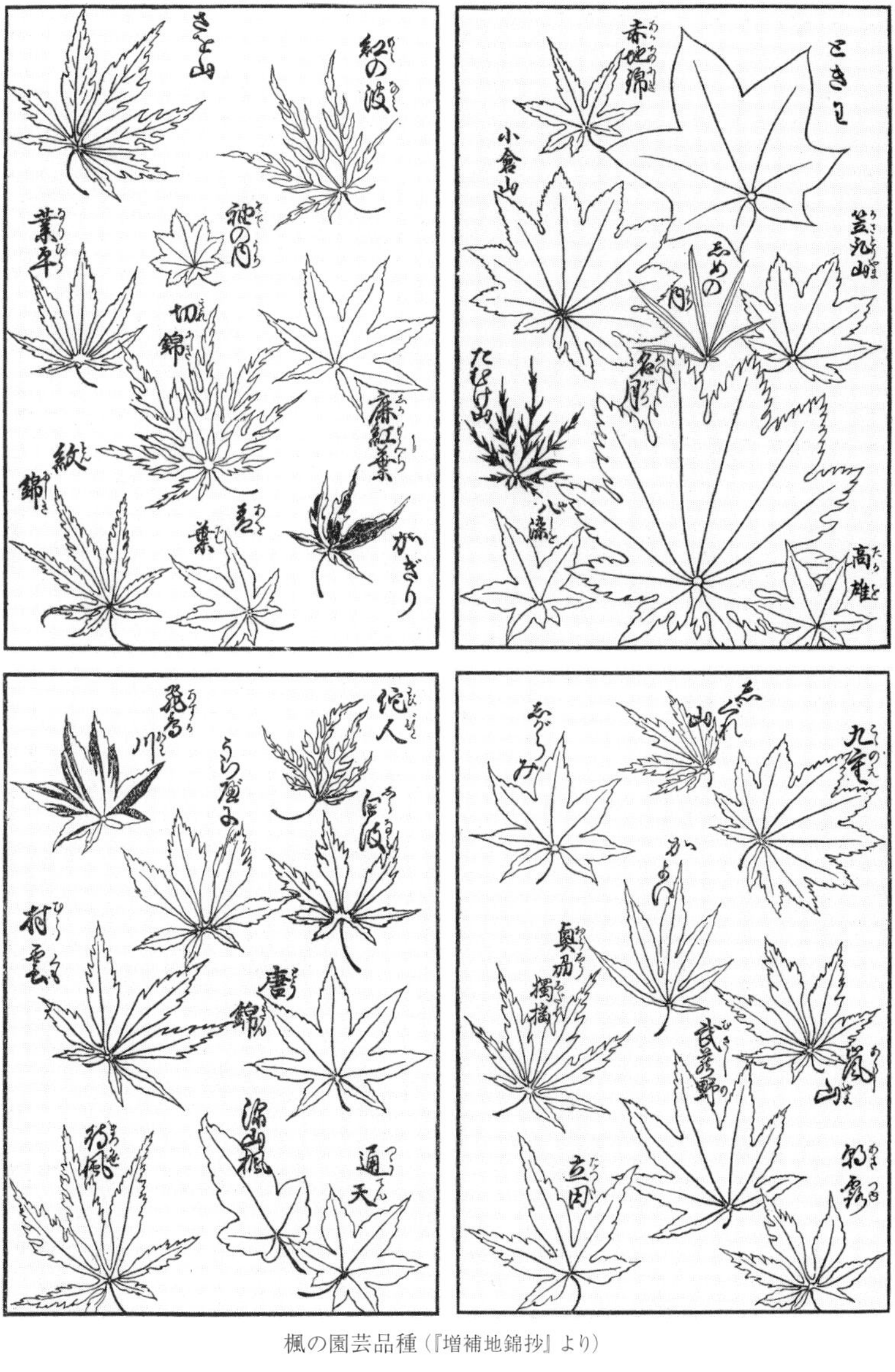

楓の園芸品種（『増補地錦抄』より）

山《やま》　楓《もみじ》

葉が深裂して枝垂れる品種群で、手向け山、珊瑚閣、桂、青柳、千染、青崖等楓の園芸品種は、天然の楓にない繊細な味があり、庭木や盆栽として日本のみならず、外国でも愛されている。園芸品種の特徴としては、葉の形が細く変化したり、縮れたり、斑《ふ》や斑点があったり、葉緑素が減って白っぽい葉になったり、芽立ち時の色が鮮やかであったり、年中紅い葉をしていたりする。園芸品種は、そのまま種子をまいても原種に戻る傾向がある。

平成の現在では、原種、栽培種をあわせて四〇〇種以上となる。

楓は古来、「松、桜、紅葉、千本を以て景となす」といわれるとおり、庭園、公園、風景地、街路樹に必須の植栽樹木となっている。多くは背景で、他の樹木とともに混植するが、純林とすることもある。植える場合には、秋の紅葉の美しさを求める関係から、地形、植える場所の方位を十分考えておきたい。さらにそこに水を伴うことも大切である。栽培品種のものは、庭園に限って植えるのがよい。

楓の栽培は、一般的にいって幼木は半日影が好ましい。楓は多少水湿を好む。種や園芸品種によってかなり性質が異なり、強健の程度の差が著しいが、多くは栽培は容易である。ごく一部の園芸品種を除いて、比較的強い剪定に耐える。園芸品種の増殖は、ほとんど接ぎ木で、挿し木の困難なものが多い。栽培中にもっとも注意するものはカミキリムシの被害で、太い成木でも容易に枯れる。

第八章　藤布を織る

藤はこんな植物

わが国にはクズ（葛）、ツヅラフジ（葛籠藤）、ツタ（蔦）、アケビ（木通）、マタタビ（木天蓼）などつる性の樹木が数多く生育しているが、フジ（藤）はその中で代表格の落葉つる性樹木と認められている。

フジはマメ科フジ属で、蔓が右巻（上からみて時計回り）のフジ（藤。またはノダフジ〔野田藤〕）と、左巻きのヤマフジ（山藤。またはノフジ〔野藤〕）という二種類があり、日本固有種で、本州、四国、九州の温帯から暖帯の低い山地や平地の林に普通に分布する。

藤は直射日光の差す場所を好む向日性植物で、藤の太いものは胸高直径四〇センチに達し、樹皮は灰色で、幹は著しく長く伸び分岐し、他の物に巻き付き、上へ上へとのぼり、樹冠で大いに繁茂する。スギ・ヒノキ・カラマツ等の植林地では、造林木に巻き付き、害をなすので嫌われる。花序は長くしだれて、二〇から九〇センチに達する。花の色は、薄い紫色で、藤色という名称はこれに由来する。

つる性樹木は、自分では体を支えることができず、他の物にからみついて生活している。幹（茎）は、他の物に巻きつくというしなやかさを持っているが、幹を切断するとくっきりと年輪が現れるので樹木だとわかる。

つる性樹木は、それぞれの樹種ごとに特徴のある樹形をもっているが、藤には決まった形がない。それは藤が草でも竹でも樹木でも、何にでも巻き付きその植物の形に応じて形を変えるからである。江戸時代初期の寛永十二年（一六三五）に書かれた軍記物の『大友興廃記』という書物には、「藤は樹に縁《よ》り人は君に縁る」という言葉がでてくるが、藤が自然のまま樹にからみついている形からでてきたものである。なおこの書物は、大友氏の興亡について大友宗麟、大友義統の二代を中心に記されている。

葉は互生する奇数羽状複葉で、小葉は一一～一九個つき、卵形、卵形長楕円形あるいは披針形で、先端はやや鋭尖形、基部は鈍形または円形をなしている。葉質は薄く、成葉は両面ともほとんど無毛である。

若枝の葉腋から長さ二〇～九〇センチの長い総序花序をだし、垂れさがり多数の小型の蝶形花を四～六月に開く。藤の花は長い花序の根元から先端方向に咲き（垂れているので上方から下方へと咲く）、山藤の花は短い花序の先端から咲き始めるが花序全体がほぼ同時期に咲く。

花の開花は九州南部の四月中旬からはじまり、開花前線をつくって本州を咲きのぼっていき、青森県の津軽湾には達するのは五月下旬となる。東京には四月下旬には達している。花の後、

フジの花

大きく平たい豆果ができる。

　藤は物に巻き付く幹以外に、匍匐枝《ほふくし》といって、地面を這う幹をもっている。匍匐枝は幹の根元から芽をだし、一日あたり七～一一センチという速度で、ひたすら地面の上を伸びていく。匍匐枝は一本の幹から数本、放射状に伸び、年を経るごとに枝を分岐させ、巨大な蜘蛛の巣のように広がる。匍匐枝の節の部分から根と茎がでて一つの個体となるので、種子がなくても繁殖できる。

　藤には強烈な生活力があり、分布範囲が広いので、花のうつくしい野生種を採られても減ることはない。他のつる性植物と同様に、肥沃でやや湿った土地でもっともよく生長するが、かなり乾燥した場所でも生活を続ける。

　藤は花をたくさん付ける割には実が少なく、一つの花序に二～三個の実をつける。藤の果実は扁平長楕円体をした莢《さや》で、長さは一〇～一五センチあり、果皮は硬く黒褐色で、中に数個の種子がある。種子は黒色で扁平、略球形、種皮は硬い。この果実が爆《は》ぜて中の種子

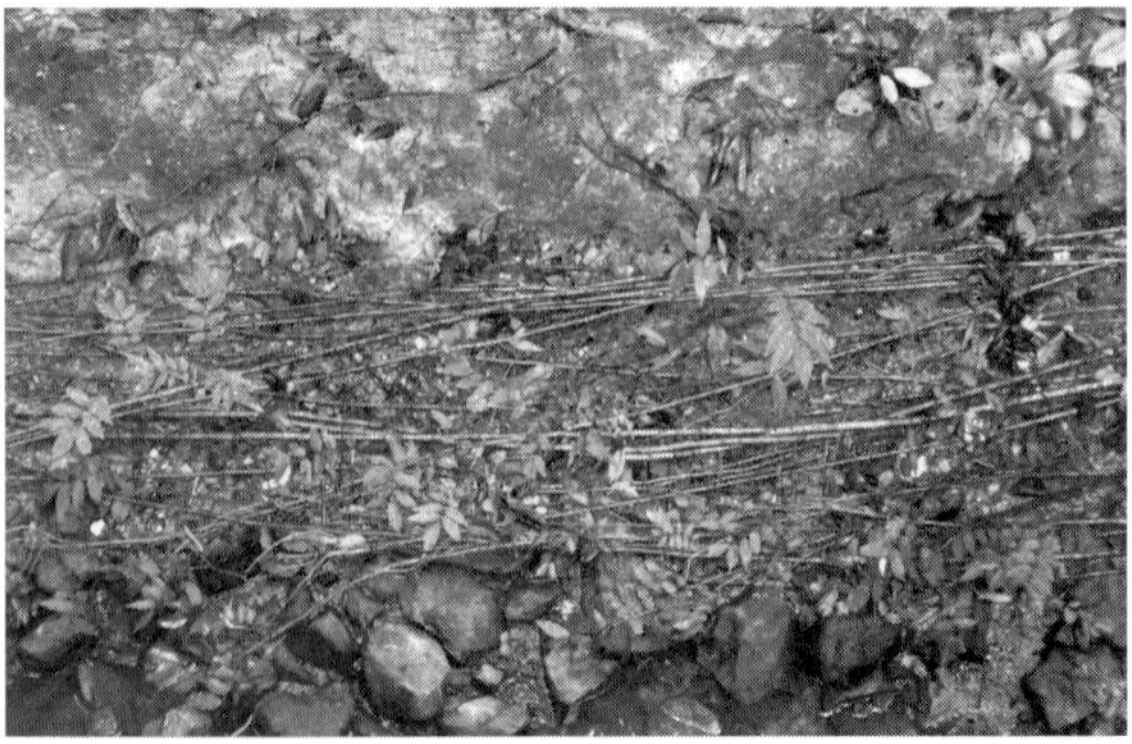
地を這うフジの匍匐枝

を遠くへ飛ばす現象は、藤を栽培している人には知られている。この樹の近くにある家のガラス戸に当たる音（ガラス戸を割ることはない）、障子紙を破ることも知られている。東京では一月上・中旬の乾燥続きで午後二時ごろの気温があがるころ、全株の果実が一～二時間の内に一斉に爆ぜて音を発し、種子を飛ばす。上原敬二が観察したところでは「藤棚よりの距離二五メートルまで飛んでいる」と『樹木大図説』の藤の項で記している。藤の種子は炒って食べられる。また種肉を緩下剤とするところもある。

古の藤衣

藤は繊維が長くつよいことが古代から知られ、物を結束する紐《ひも》や荷物を曳く綱などにされたり、花や若葉は食用とされてきた。

藤の繊維は強く、古くはこれで衣服を作ったり、沓《くつ》を編んだりした。藤からの糸作りは、藤の蔓を槌でうち砕き、皮をはぎとり、灰汁《あく》で煮て、流水にさらし、乾燥したのち手でもみほぐし、よりをかける。その糸から藤布《ふじぬの》が作られた。

『万葉集』では藤衣は、丈夫なので海人《あま》や庶民が着る作業着や野良着として用いられていたことが詠われている。

大君の塩焼く海人の藤衣なれはすれどもいやめずらしも（巻十二・二九七一）

歌の意は、大君の塩を焼く海人の着る藤衣のように、あの子と馴れ親しんできたが、飽きることなく新鮮で日ごとに可愛《めずらし》いという内容である。藤衣は、丈夫な布であるが、繊維が太いので織目が荒いため、着慣れるまで時間がかかったようである。

藤衣は織目があらくごつごつしているので、荒栲《あらたえ》とよばれていた。

荒栲《あらたえ》の布衣《ぬのきぬ》をだに着せかてにかくや嘆かむ為《せ》むすべをなみ（巻五・九〇一　山上憶良）

（貧しい子供たちに）粗末な荒栲の着物すらきせてやることができなくて、このように嘆かなければならないのか、一体どうすればよいのか、いまの私には為すすべもない、との嘆きの歌である。

『古事記』中つ巻・応神天皇紀の「秋山の下氷壮夫《したびおとこ》と春山の霞壮夫《かすみおとこ》」の条《くだり》に、乙女に求婚のため藤衣を着てでかけた弟の藤衣に藤花が咲き、求婚が成立するという話が記されているので、要約しながら紹介する。

伊豆志袁登売神《いづしをとめのかみ》と申されるたいそう美しい女神がおられた。大勢の男神たちはこの女神と結婚したいと求愛したが、誰も成就できなかった。ここに兄を秋山の下氷壮夫《したびおとこ》といい、弟を春山の霞壮夫《かすみおとこ》という二柱の神がおられた。兄神が弟神と、どちらが女神と結婚できるかの賭けをした。

弟神は兄神との賭けのことを、くわしくその母に話し「なにとか結ばれたい」と相談した。すると母神は、すぐさま藤蔓を集めてきて、一夜のうちに衣服、袴《はかま》、沓《くつ》、沓下を織り、縫いあげた。そして春山霞荘夫に藤の衣服、袴を着せ、さらに弓矢も藤でつくり、女神に会いにゆかせた。すると不思議なことに、衣服、袴、弓矢からいっせいに藤の花が咲いた。その美しさに伊豆志袁登売神はたちまち魅せられ、恋におち、求愛を受け入れた。そしてやがて一人の子が生まれた。

春山を司る神と、春山を美しく彩る藤の花の関わりが、美しく記されている。上代においても藤衣は『古事記』のここにしるされているように、貴人たちの着物の材料とされていたが、平安時代になると藤衣は貴人の喪服用とされるようになった。

藤の繊維利用

静岡県天竜川流域ではフヂギモノと呼び、家族用として冬の間に七〜八反も織っていた。長野県下伊那地方の山間部では明治の中ごろまで、織ったり使ったりしていた。藤布の用途は麻布とほとんど同じで、単衣の着物、サクバキ・チョウバキとよぶ仕事着、股引などの衣服に用いられたり、穀物袋や豆腐の搾り袋に使われた。京都府宮津市上世屋ではフジヌノといい単にヌノ（布）と云えば藤布のことをさすくらい、藤布が織られていた。藤布は夏の山仕事用で、汗をかいても肌にべとつかなくて具合がよかったという。

藤蔓はねじれてもなかなか砕けることがなく、きわめて強靭な素材なので縄とされ、木材を上流から

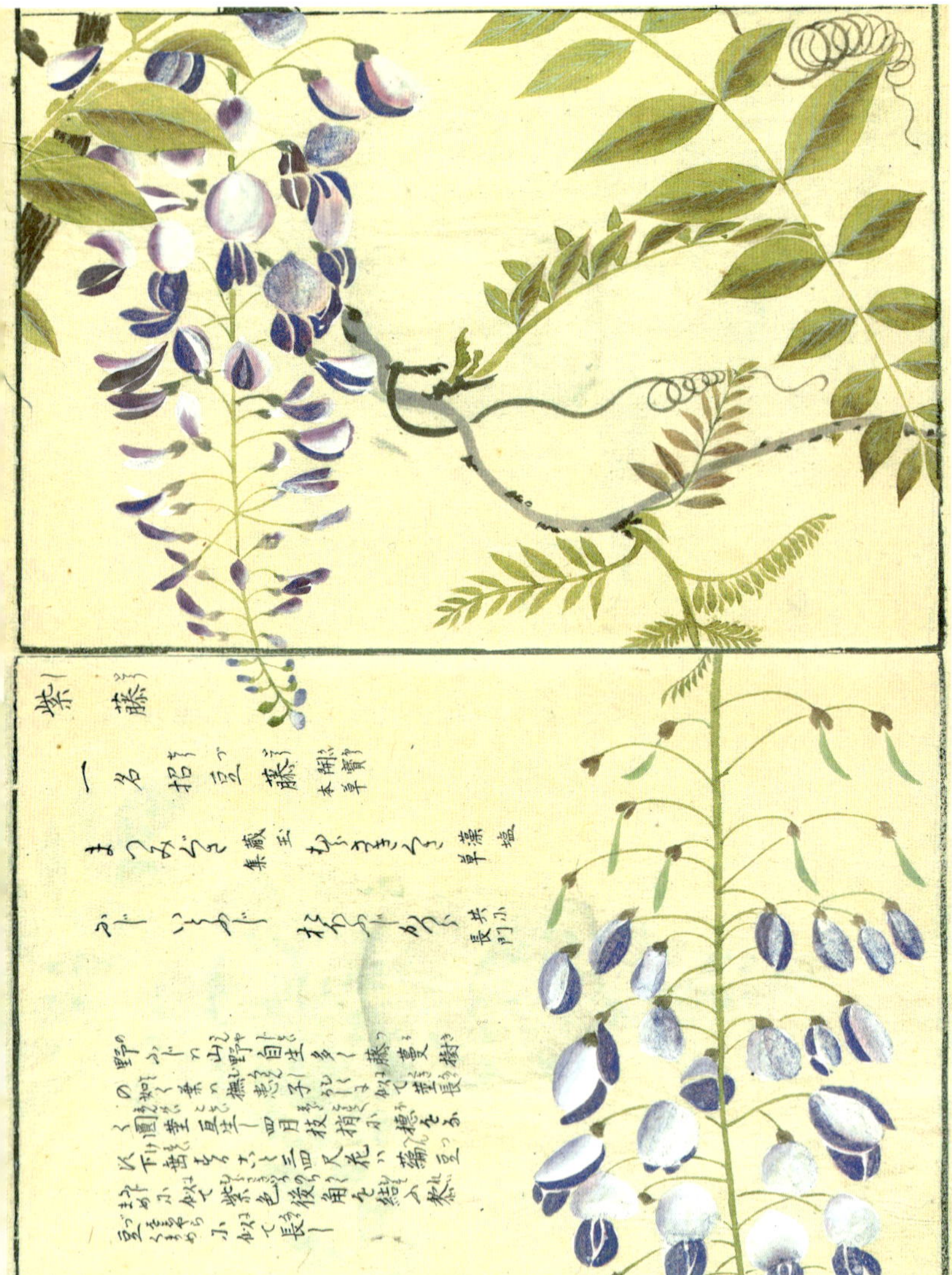

江戸末期に描かれた紫藤（野藤）の図
（岩崎灌園『本草図譜』文政11年完成、田安家旧蔵の写本、国立国会図書館）

江戸末期に描かれた野田藤の図
（岩崎灌園『本草図譜』文政11年完成、田安家旧蔵の写本、国立国会図書館）

運ぶ筏《いかだ》をつないだり、薪や炭俵を束ねるのに用いられた。

富山県氷見市論田および熊無と、千葉県匝瑳《そうさ》市《し》豊栄地区木積は、藤蔓をつかって「藤箕《み》」を製作する技術が、国指定重要無形民俗文化財に指定されている。「藤箕」は製作材料に藤をつかった箕《み》のことである。箕とは、塵取りのような形態の大形のもので、両手で縁をもち、揺り動かして中に入れている穀物とごみなどをふるい分けたり、作物を運ぶために利用される道具で、主に農家で利用されてきた。

藤の若葉や花は食用となり、花や葉は天麩羅とされる。若葉は、よく茹でて和え物・浸し物に、佃煮にされ、茶の代用ともされる。種子は炒って食べるが、過食すると下痢をおこしやすい。江戸時代に小野蘭山が著わした『本草綱目啓蒙』には「嫩葉蔬《わかばそ》となし、飯となし食う、花も亦《また》食うべし」と記されている。『大和本草』もまた「葉わかき時食ふべし」とする。

飛騨地方、吉城郡下高原郷にあった藤蔓の橋
（『斐太後風土記』明治6年完成）

藤の花の観賞は、普通棚仕立てか庭木作りであるが、大きめの鉢に入れ盆栽にもできる。実生からでは開花まで数十年必要である。挿木も行なうが主に山掘りの木に園芸種を三月下旬に接ぎ木する。取木

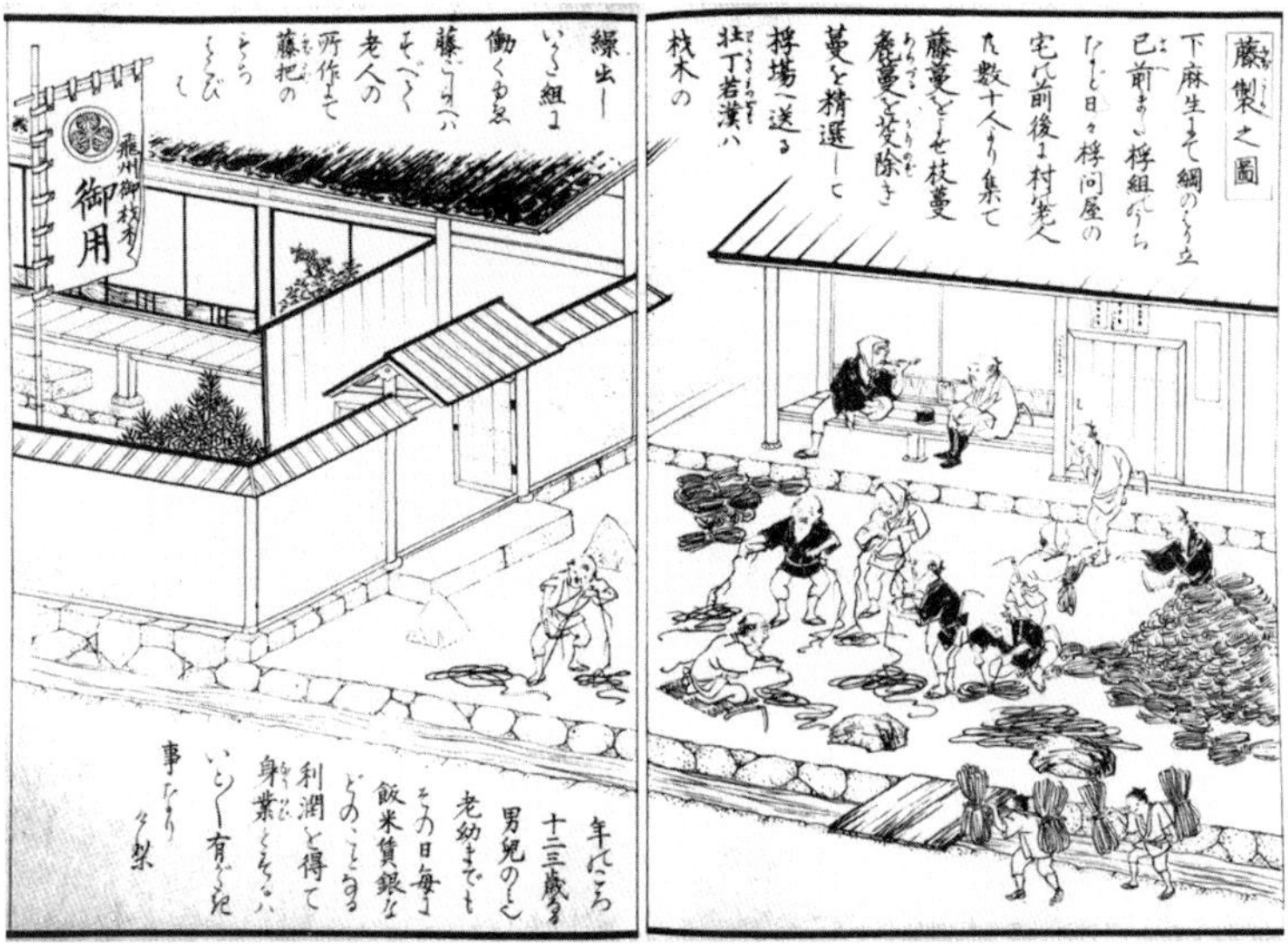

藤ごしらえの図。飛騨の材木を河川を利用して運ぶため、材木問屋の庭先で筏を縛る藤縄を用意している（『運材図会』大正6年）

江戸の藤の名所として知られた亀戸天満宮（『江戸名所花暦』文政10年）

白玉藤

野藤

藤の名所として知られた江戸の亀戸天満宮
（歌川広重『名所江戸百景　亀戸天神境内』安政4年、メトロポリタン美術館）

でもよく発根するので、三月から四月に取木し、九月に鉢にあげ、培養する。花が長く垂れるので、懸崖作りにするのがよく、場所をとる盆栽である。また小品作りには向かない。盆栽には、木作りといって蔓を発育させず剪定して幹を太らせ、一本の幹立にする方法もある。

藤の葉は草木染の染料ともなる。葉を水に入れて熱し、沸騰してから二〇分煮出して、それを染液とする。二～三回繰り返して染液を煮出すことができる。灰汁媒染で薄茶色、アルミまたは錫媒染で黄色、銅媒染で金茶色、鉄媒染で海松色《みる》（黒ずんだ萌葱色）に染まる。

藤を材料として利用する部位は、用途によって異なる。成形して器具類を作成しようとする場合や、藤の繊維を利用しようとする場合は、幹がその部材となる。藤を食用とする場合は、花と葉が材料となる。薬用の場合は、幹の瘤と根と、種子が材料となる。藤は根から幹、花と種子という全体が材料として使うことが出来る素材である。

藤の繊維を使って縄文時代から布を織ってきた。棉《わた》や麻という栽培植物から手軽に繊維が取り出されるようになり、粗い織り方しかできない藤の繊維から布を織ることはほとんど廃れた。しかし、山間部の藤蔓を比較的容易に手にいれることのできるところでは、現在も細々と布が織られている。また一方では、藤の繊維は新しい素材だという認識の下で、従来の作業着程度の品質ではなく、さらに高級な着物の帯地製作を試みる人たちもいる。藤布作成の工程を簡単にたどることにする。

藤布を織る

藤の繊維をとるには、山野に生育している藤蔓を伐り採る採取から始まる。山から藤蔓を伐ってくるのは、男の仕事である。採取する藤蔓は、太さが親指くらいになっているもので、細い藤蔓は親指の大きさに育つまで待ち、資源を残しておく。この程度の太さのものが柔軟性があるからで、木の幹のように太いものは、固くてよくない。

普通であれば他人の所有する山野に勝手に入ることは良くないとされているが、藤は植林した杉や檜に害する植物なので山に入り伐っても許された。採取時期は一年中いつでも可能だが、花の咲く前の四月から五月の上旬あたりまでが林の中が歩きやいので採取に向いている。藤蔓は木に巻き付いたものは繊維がねじれていて、長い繊維が取れないので役に立たない。木と木の間をすっと木の梢まで伸び、太陽にもよく当たっているものが、いい布になる。葛布《くずぬの》を織る時の材料は匍匐《ほふく》枝でなければいけないが、藤布では匍匐枝より空中の蔓を採る。

藤布材料に適当な藤蔓を見つけると、出来るだけ長く伐る。伐り取った藤蔓は一尋《ひとひろ》（人が両手を広げた長さのことで、一五〇～一八〇センチ）の長さに切りそろえ、蔓五本を一束の輪にして持ち帰る。一反の藤布を織るには一尋の藤蔓が五〇～六〇本も必要である。

藤布を織る繊維は皮の部分なので、皮を剝ぎとって木質部（芯）を取り除く。皮には鬼皮といわれる表面の黒くて固い皮と、その内側の白い中皮とがある。皮と木質部を分けるため、採ってきた藤蔓を平らな石の上に置き木槌または金槌で、根元から上の方へと順序よく、鬼皮が割れるまでゆっくりと叩き、皮と芯がはがれやすくする。叩き終わったら、手で皮を剝ぎとっていく。藤蔓の皮は固いので、藤蔓の一方を足で踏みつけて引っ張るのだが、力がいる。春に藤蔓採りすると、樹液が流れているので皮が剝ぎやすいため、山で剝ぎとっておく。皮だけを運搬すればよいので、多くの量を楽に持ち帰ることができる。

藤布の繊維は中皮部分なので、鬼皮を取り除く。剝いた皮の中ほどで直角に刃物で切れ目を入れ、そこから鬼皮を剝ぎとっていく。分離された中皮を京都府丹後地方ではアラソとよび、これを細かく裂き、藤蔓五本分くらいを一つに束ね、二〜三日陰干して乾燥させる。十分に乾燥させないと、カビが生える。乾燥したアラソは、湿気の来ない場所に冬まで保存する。

乾燥したアラソ繊維は固いので、灰汁《あく》で煮て軟らかくする。灰汁炊きとよばれる作業で、降雪がはじまり、農作業のできない冬の仕事となる。アラソを前日から水につけておく。水から上げ、搾ったアラソに湯で溶いた木灰をまぶす。灰が十分にアラソにまぶされていないと、藤の繊維はやわらかくならない。

湯を沸かした鍋に、灰をまぶしたアラソを入れ、さらに木灰をふりかけ、約二時間煮る。これを灰炊きという。アラソを指でつまみ縒《よ》りを掛けてみて、縒りがかかればよいとして、鍋の中のアラソの上下を返し、さら一時間半ほど煮る。煮あがったアラソは、川で木灰を洗い流す。雪解けの川水なら、藤の繊維はより白くなるといわれている。

木灰を洗い流したものには、余分の細かい繊維や汚い部分があるので、これを割竹二本をV字形にしたコキバシという道具でしごいて取り除く。コキバシでアラソをはさみ、根元から先端に向かってゆっくりとしごき、先から根元へとしごいて戻る。それをもう一回、都合二往復しごく。これを藤コキという、できあがったものはコキソといわれる。この仕事は冷たい川の中で行なわれる。

コキソのままの藤繊維だと糸にしても、滑りが悪く、織りにくい。織るとき滑りやすくするため、米《こめ》糠《ぬか》油を藤繊維に与える。鍋に沸かした湯の中に米糠を入れ、コキソを鍋の中で数分浸し、軽く揉む。鍋から出してよく絞り、付着している米糠を叩き落として、陰干しする。これをのし入れという。

のし入れの済んだ藤の繊維を、細かく糸状に裂き、裂いた二本の繊維のスエ（先端）に、二本の繊維のアタマ（元口）を縒《よ》りながら一本ずつ繋ぎ、二本の繊維を合わせて一本の糸として長く伸ばしていく作業のことである。

績《う》んだ糸を糸車で縒《よ》りをかける。糸車の先端のツムにツメヌキという萱の茎を挿し、これに糸の端を巻きつけて左手でもち、右手で糸車をまわしながら左手を後ろに伸ばす。こうするとツムが回転し、糸に縒りがかかる。そして糸車の回転方向を変え、糸をツメヌキに巻き取ていく。

ツメヌキに巻き取った糸を、糸枠に巻き取る。順序良く、しっかりと巻き取ることが大切である。

機《はた》に決められた本数の経糸《たていと》をかけ、織りこむとき糸の毛羽立ちをおさえるため経糸に糊を塗る。糊は屑米にそば粉をわずか混ぜて作る。糊を塗る道具には、一握りの黒松の葉を束ねたものが使いやすい。

杼《ひ》に糸枠をいれ、経糸を交互に上下させ、糸と糸の間に杼をとおして緯糸《よこいと》を入れ、オサを手前に引いて緯糸を押し寄せ、布に織っていく。

藤蔓の籠編み

藤蔓の籠編みは、丸のままの藤蔓で籠を編む。

藤蔓を使って籠を編むことができる。空中にぶら下がった蔓も、地上を這う匍匐枝も使える。丸のまま使うので無骨なものが出来上がるが、野趣味がある。山野での蔓採取は落葉した冬期が、明るく歩きやすいし、藤蔓の葉をしごいて取らなくてもいいし、蔓の素性がよくわかる。

採取した蔓は太さで太・中・細・別枠の四種類くらいに選別する。太は骨組、中は横の編み、細は目じめ、別枠は特に形が面白いものや特別に太もので、取っ手や縁取り等に用い、飾りとする。曲がった蔓は柄にすると変化がでる。

真っ直ぐに伸びた蔓を縦の芯にする。四〜八本を芯にして、一カ所で固定する。そこから蔓を交互に入れ編んで、籠の底とする。底の大きさが決まったら、縦芯を立ち上がらせて、蔓を必要な高さまで編み、縦芯を折り曲げ縁とする。柄をつけたり、足をつけたりして完了。編み方にはムシロ編み、乱れ編みなどさまざまな方法がある。

編みあがった籠を二〜三か月放置しておくと、乾燥して蔓が細くなり、網目に隙間ができるので、残った蔓を編み加えてからニスを塗っておくと、室内では何年も保存できる。

若葉と種子は食べられる。

藤の葉を単独で佃煮にすることはないが、山椒《さんしょう》の葉の佃煮に藤の葉をほどよく入れると山椒の辛みが軽減され味がよくなる。藤の葉は茹でて細かく刻んでおく。山椒の葉は、醬油を煮たてた中に直に入れ、味を染み込ませる。藤の葉は山椒の葉と混ぜて置き、一緒に鍋に入れて煮込む。山椒の佃煮の量を増やすのが目的ではなく、北国では藤の若葉は木通《あけび》の若葉とともに美味いものに数えられている。

藤の葉飯は、藤の若葉を刻み飯に炊き込む。徳島県ではこれを藤の飯という。

藤の花天麩羅は、藤の花を天麩羅にする。

江戸期の俳人上島鬼貫の句に「野田村に蜆《しじみ》和えけり藤の頃」があり、蜆の身と藤の花が和えられている。

藤で物をつくる場合の素材は幹（茎）の部分であり、とくに名称はない。藤布を織る藤蔓も自家用にする量を山野に生育しているものを採取するだけで、藤蔓を販売目的として生産することはない。藤の生育場所はやや谷間の湿気の多い所である。特定の地域にみられるのは奈良春日大社の宮域林であるが、人が採取することはできない。

第九章

樹木と人の生活小史

はじめに

人間生活を大きく三つにまとめると、衣食住となる。身体を覆い、保温の役目を果たす衣類、生命維持のための食料、そして平穏に寝起きできる住居、この三つが充足されれば、生活は充実したものとなる。地球的規模での環境から、日本は植物ごとに多種類の樹木が生育しているので、この列島に渡ってきた人々は樹木を利用し、世界に冠たる木の文化を築きあげてきた。

わが国で人々が生活しはじめた縄文時代から、現代にいたるまでの長い期間における日本人と、代表的な樹木の関わりをごく簡略に紹介していく。わが国では衣類と樹木は、衣服を着色するという部分程度の関わりであるので、ここでは触れないこととする。

食物となる樹木の果実

生命維持上不可欠の食料としての樹木、ことにその果実は大きな役割を果たしてきた。中でも栗の実の貢献度は大きかった。縄文時代の遺跡の住居跡や貯蔵穴から、栗の遺存体として果実、種子、果皮、種皮がしばしば発掘されている。

滋賀県大津市の琵琶湖（南湖）の湖底にある、約九〇〇〇年前の粟津湖底遺跡から栗塚《くりづか》が発掘されている。栗塚には一リットルの体積のシルトの中に、栗の果皮が二〇から三〇個分含まれていた。栗以外には、鬼グルミ、カシワ、ヒョウタン、ヒシ、ヒルムシロ等が含まれており、人が食べた果皮を投棄したものが水域で堆積したものと推定されている。
出土した栗の実は現在の柴栗《しばぐり》程度の大きさで、果皮の厚さも一ミリくらいのものが、うず高く塚になるまで積みあがったということは、この集落では長年月にわたって食料を栗の実に頼っていたことになる。栗は自然状態の森林では、純林をつくることはなく、混合歩合は五パーセント程度であるから栗津遺跡の人々は、琵琶湖岸の自然の森林の中をかけめぐり採取していたと考えられる。

栗の実は、でんぷん質の果実なので、生で食べることはせず、ふつうは茹でたり、焼いたり、米や雑穀などの穀物と混ぜて炊く等の加工・調理してから食べる。なお、栗の実は加工するとカロリーも栄養価も減少する。栗の実の渋皮にはタンニンが含まれるが、生食は可能である。

縄文人の食生活について川幡穂高は、「栃や栗等の堅果類や山芋等の根茎類は、一キロを採取してくると、実際に食物となるのはその中の七〇から八五パーセントで、そのものの熱量も高く、

栗の実

効率の良い食物であった」と、いう。

　縄文時代の遺跡といえば、青森県青森市の三内丸山遺跡が名高い。八甲田山系から続く穏やかな丘陵の先端部に、三五ヘクタールもの広大な集落であった。ここで集落が営まれていたのは、今から約五五〇〇から四〇〇〇年前までの時代で、およそ一五〇〇年間という長年月にわたっていた。

　三内丸山遺跡の食物について前に触れた川幡穂高は、「三内丸山遺跡でもゴミ捨て場から栗がたくさん出土したことから、堅果類は重要な食物であったのは事実である。栗、胡桃《くるみ》、樫の実はアクが少ないので、そのまま食べることが可能である」として、なかでも美味しい栗と胡桃は大変貴重な食物であったと記している。

　三内丸山遺跡では、発掘調査の結果、この地域には自然の状態ではあり得ない栗の純林が長期間存在していたことや、栗の実が初期には柴栗程度であったものが、次第に大形化していったことでも知られている。栗の実のＤＮＡが調べられたところによると、パターンが野生のものはばらばらになるのだが、三内丸山のものはきれいにそろっていたので、ここでは栗が栽培されていたと考えられた。秋の収穫期に多量に採れた栗の実は、地下式の貯蔵穴に貯えられていた。

　平成六年（一九九四）に直径八〇センチの栗の柱が、等間隔に東西に三本ずつ二列、計六本が並んで検出された。この柱が何であるかについて、祭殿、高床倉庫、ウッドサール、物見台等の説が出た。決論がでないまま、六本柱の三層で高床があるが上り下りの手段のない施設が現地に作られている。

栗の六本柱についての私の考えである。三内丸山ムラからは、古代の都市ともいえるほど大模な集落で、長年にわたって継続してきたにもかかわらず祭殿は発掘されていない。当時のカミは、緑の葉を一年中つけている常緑樹か、巨岩、巨木、あるいは山そのものである。

私はこのムラの広場に建てられた栗の柱が、はるかな山中にあるカミを拝む遙拝所と考える。枝葉をすっかり取り除き、幹だけにした樹木ではいくら巨木とはいえ、カミが依代とすることはないからである。

私は毎年十分な食料となる栗の実を実らせてくれるカミへ感謝するための祭礼として、長年にわたって大量の実を稔らせ役目を終えた（つまり枯れた）栗の巨木を一本伐採し、ムラ人総出で山越え、谷越えてムラの広場まで運び、柱として

三内丸山遺跡

立てたものだと考えた。六本の柱が一度に立てられたのではなく、遙拝所に据えることのできる大きさで枯れた栗の木の巨木が見つかるごとに、祭礼が行なわれたのであろう。柱が六本に達して以降、柱とすべき栗の巨木が見いだせなかったか、ムラに何らかの変化がおき、祭礼が中断された、と考えてみた。栗は一年おきに豊凶をくり返す。そして六年ごとに大豊作の年があるといわれている。六本柱と六年ごとの豊作の関連性は不詳である。

三内丸山遺跡もそうであるが、落葉広葉樹林地域では、食料となる櫟《くぬぎ》、楢、柏、山毛欅《ぶな》、栃等の果実が採取できる。これらの樹木の実は、栃以外を一括して「どんぐり」と呼ばれあく抜きすれば食べられる。栃の木は、大木が多いので落下する果実を大量に採取でき、余裕の量は貯えられたである。栃の実もあく抜きすれば食べられるが、それには非常な手間暇がかかる。当時は栗の実を主食とし、これらの樹木の果実と併用しながら食料としてきたのである。

一万年近い長年月に渡って、落葉広葉樹帯に住む人々の主食の地位を保っていた栗の実も、小粒ながら年々大量で栄養価の高い種子を稔らせる稲が、各地の水田で栽培される弥生時代ともなれば、主役の座から降りたのである。しかし、『延喜式』に見られるように、菓子として嗜好品のなかで人々に愛し続けられている。古代の風習を今に伝える神々の祭礼時の神饌として、栗の実は柿の実などとともに、秋の味覚として捧げ続けられている。

枝垂れ柳と稲作

現在の時代区分のなかで、縄文時代に水田稲作が行なわれた事例があるとされているが、ここではその詮索は別にして、従来の通説のとおり、わが国で水田稲作が開始され弥生時代の幕が開いたとしよう。初期の水田稲作は、稲の栽培に不可欠の水の確保が容易な山の谷間や、扇状地の扇頂から始まっている。静岡市の著名な弥生時代の遺跡である登呂遺跡は、扇状地の扇頂部にあたっている。福岡市の菜畑遺跡は山の谷間に作られた水田の遺跡である。このように水田稲作は、いわゆる山田がその始まりである。

私は中国長江中下流域からはじまった水田稲作文化は、単なる水稲を栽培する技術だけでなく、稲作の発祥地域を自生地としている枝垂れ柳、桃、梅をセットの一つとして伴って来ていたと考えている。

枝垂れ柳の自然木の遺存体は、遺跡出土品としてみつかっていない。各地の遺跡から出土する木片には柳類はあるが、柳類は種間の同定の困難な樹木で、枝垂れ柳と他の柳類と判然と区

山田のほとりにみるシダレヤナギ

別できないからである。梅と桃は、その果実の核が各地の遺跡から出土している。弥生時代の梅の自然木の木片が、大阪府八尾市亀井遺跡から発掘されている。梅は木材としてはほとんど利用価値がないので、木片が出土したということは、ここで栽培されていた証と考えている。

枝垂れ柳と稲作との関わりからみると、枝垂れ柳は水田稲作に必要不可欠の水辺を生育地にしている樹木である。江戸時代に宮崎安貞が著した農書『農業全書』には、「稲は柳に生ず」として、種籾を苗代に蒔き付ける図、田植えの図という、稲作に関わる初期作業のうち、多量の水を必要とする二つの図に、亭々と立つ枝垂れ柳の大木を描いている。

種籾を苗代に蒔き付ける図（上）　田植えの図（下）
（『農業全書』元禄10年）

実際には、今日の機械田植えのため稲苗を箱で育成する以前では、苗代田に種籾を蒔きつけるとき、苗代へ水を取り入れる水口に、枝垂れ柳、蕾《つぼみ》の付いたつつじ、藤の花、竹等を立てて、田の神に稲苗がよく育ち秋には豊作となりますように祈る水口祭が、それぞれの農家で行なわれていた。つつじの蕾《つぼみ》は稲籾によく似た形をしており、藤の花は秋にはこの花のように穂がたれるほど実ってくれと、それぞれ稲に似た形の花に豊作を託したのである。水口に挿した枝垂れ柳は田の神の依代であり、その本拠地の水湿地のように、苗代の水が絶えることがないようにと、田の神に願いを託したものである。

苗代の稲を育てる部分にも、枝垂れ柳の枝を三〇センチくらいの長さに切断したものを挿し、苗が大きく育ちますようにと祈った風習も、長野県下各地で近年まで見られたが、農業の機械化にともなって現在ではみることができない。

苗代田の水口祭に枝垂れ柳を用いることを『万葉集』巻第十五の「所にあたりて誦詠せる古歌」は次のように詠う。

青楊《あおやぎ》の枝伐りおろし斎種《ゆだね》蒔きゆゆしき君に恋ひわたるかも（三〇〇三）

歌の意味は、青々とした柳の枝を切りとり水口に挿し、斎種つまり神聖な稲魂を抱いている種籾を蒔きますが、その斎種のようにゆゆしい（近寄ることもできない）あなたを、ずっと恋しく思いつづけていますよ、である。青柳の枝を切りとって水口に挿し、種籾を蒔くという農耕儀礼は前に触れたように、水口祭のことである。

稲作発展と里山の松山化

水田稲作が各地に広がり、里に定住する人々の数も増加し、集落が形成されるようになるにつれ、山田周辺の里山の植生は自然林から二次林へと次第に変化していったのである。

山田での稲作開始以前は自然林であった里山の樹木は、里人の住居建築や、食料の調理用や採暖用の燃料として伐採利用され、裸山になった跡地には、赤松、たらの木、赤目柏などのパイオニア樹種や草本類が侵入し一旦は植生を回復した。

ところが草類は山田の稲の収穫量の増大をさせていくために必要な肥料の資材であり、また農耕用の牛馬の飼料としても必要で欠くことのできないものであった。それだからせっかくの二次林は、毎年の絶え間ない植生収奪で草木の生育量は減少し、山地は乾燥気味となり地味はやせてきた。そんな里山にアカマツが侵入してきた。アカマツはもともと岩場や崖地を生育地としている樹木で、森林植生がかく乱させられたとき、すばやく侵入して植物社会を回復させる役目をもつパイオニア植物である。

里人の絶え間なく行なわれる里山の植生収奪は、アカマツにとっては生活条件を整えてくれる手入れとなり、しだいに里山はアカマツ林となっていったのである。里人にとってもアカマツは、稀にみる利用価値の高い樹木であった。その材は、建築用としても、土木用としても十分に役目を果たした。そしてアカマツ林は、秋に落ちてくる落葉は家庭燃料としても適していたので、落ち松葉はすっかり採取され山肌は本当に裸となった。

こうして里山は、アカマツと里人が一つの生態系とも思えるほど、密接な関わりをもつことになったのである。

アカマツは生活環境を整えてくれるお礼として、秋になると香り豊かなマツタケを発生させた。『万葉集』には、平城京の近郊である高円山もアカマツ林となり、マツタケが生えていたことを詠んだ歌がある。


高円のこの峰も狭《せ》に笠立てて盈《み》ち盛りたる秋の香のよさ（二二三三）

高円山の峰が狭く思えるほど、マツタケが笠を立て並べて生えている、その香りのよいことよ、というのが歌の意である。マツタケは香りが生命であり、この香りゆえにたくさんの種類が生えるキノコの中で最上位におかれるのである。

古くから開けた近畿地方や中国地方の山地には、花崗岩質のやせ地が広がっており、里山はアカマツが卓越した植生となっていた。各地でマツタケが生えた。京都を取り囲む東山、北山、西山もマツタケの産地であった。戦国時代の騒乱で、江戸時代初期の京都周辺の山々にはこれといっていいほどの松山は成立していなかった。

戦乱がおさまって平和な江戸時代になると植生も回復し、アカマツもマツタケの生えるくらいの年齢になった。江戸時代初期の寛永年間に、京都の北山にある鹿苑寺《ろくおんじ》（金閣寺のこと）の裏山でもマツタケが採れ始めている。金閣寺の住職であった鳳林禅師の日記『隔冥記』によると、寛永十六年（一六三九）に金閣寺の裏山ではじめて一本採ることができた。

　鳳林禅師が晩年になるほど、赤松林も成熟してきてマツタケの収穫量も増えている。初めてマツタケが採れはじめてから一四年後の承応二年（一六五三）には、生マツタケ五〇本と漬マツタケ五〇本を贈物としている。寛文元年（一六六一）のマツタケの贈物本数は九九五本で、その翌年には実に二二〇〇本ものマツタケを贈物としている。このように、金閣寺の裏山というかぎられた山から、一秋に二〇〇〇本を越える多数のマツタケが収穫されるようになったのである。

大坂天満の松茸市（『日本山海名物図会』宝暦4年）

　江戸時代中期の享保三年（一七一八）に出版された『本朝文鑑』の松茸頌には、「さるからには下郎の口にかなわず」とあり、身分の低い者の口にすることはできないほど希少価値のあるものだとしているが、実態はそのあたりの八百屋に売られるくらい、たくさん生えていた。そして安政六年（一八五九）の『及瓜漫筆』には、京都では盛りの時期には誰でも買うことができるので、どんな小さな料理屋であってもマツタケを料理に出すことはないほど、マツタケは大量に町中に入っていたのである。料理屋において料金を払ってまで食べようとするものが、いなくなったからである。

そして戦後、昭和三十年代（一九五五）半ばから始まった燃料革命、肥料革命、農業の機械化で里山に入る人は激減し、さらには松のザイセンチュウ病で、里山のアカマツは全滅し、秋の味覚マツタケはごく限られた一部の地域で細々と産出するに過ぎなくなった。

梅と桃が水田稲作に伴われた役割

水田稲作文化の一要素として梅が伴われてきた役割は、何であったのだろうか。現在でも農村であれば、どこでも庭の片隅、畑の一角に植えられているのが梅である。大きな存在感は示さないが、どこにでもあるという常在感は大きい。

稲作とともに渡来した梅が果たすべき役割は、梅の果実の中に含まれている梅酢という酸の利用であったと考えられる。一つ目は食物を調理するときの味付け用である。調味には「塩梅《あんばい》」とよばれるように、塩と酸《す》の加減さがおいしさを左右する。米の飯と、梅酢の酸っぱさは実によく調和するのである。

二つ目は、梅の酸っぱさは、殺菌力があり、食物の腐敗を防止する。食物の保存技術の未発達な時代にあって、梅干しのもつ殺菌力は貴重な存在であった。三つめは薬用である。

梅の実が、日本の漬物技術の応用として塩漬けされるようになったのは、いつの時代か不詳である。塩漬け梅は、長期間にわたって保存が可能で、常温のまま一〇〇年間そのままでも、決して腐敗することはない。梅の原産地である中国には、梅干しはない。梅干しは世界に誇れる日本人の発明品である。平安時代初期の大同四年に編纂された医薬書の『大同類従方』には、塩漬けしただけの梅干しの処方が記されている。

梅の実

梅の花がもてはやされた奈良時代以降、梅の木が各所で栽培され、梅の実がたくさん採れるはずなのに、なぜ梅干し作りが行なわれなかったのか疑問がうまれるであろう。梅干し生産の制約となったのは、実は塩である。

製塩技術が未発達であった平安時代の製塩法は、製塩壺といって素焼きの細長い壺に海水を汲み、周囲で火を焚いて壺の海水を蒸発させて塩を結晶させるというものであった。したがって一度にとれる塩の量はわずかなものなので、塩は貴重品であった。薬品としての梅干し作りがやっとであった。
鎌倉時代に至ると、製塩技術がやや進歩し、梅干しは貴族や僧侶、高級武家の食用になるまで、広まっていた。江戸時代になると、幕藩体制がかたまり、瀬戸内海沿岸のそれぞれの藩が塩田を開発し、塩づくりを始めたので、塩は潤沢にでまわるようなった。庶民も手軽に塩を手に入れることができるようになり、梅干し生産のための梅林がそこここに生まれた。

わが国の人々が全国的に梅干しを知ったのは、明治期の日清・日露戦争で、副食としての軍事食品とされたからである。

桃が水田稲作文化セットの一つとして渡来してきたのは、その花の美しさを愛でるためのものではなく、最大の役割は稲作が不作となった時の食料を補完するするためであった。

桃の果実は豊産性で、ほとんど手入れをしない放置状態でもたくさんの実をつける。この桃は現在の巨大な、水分をた

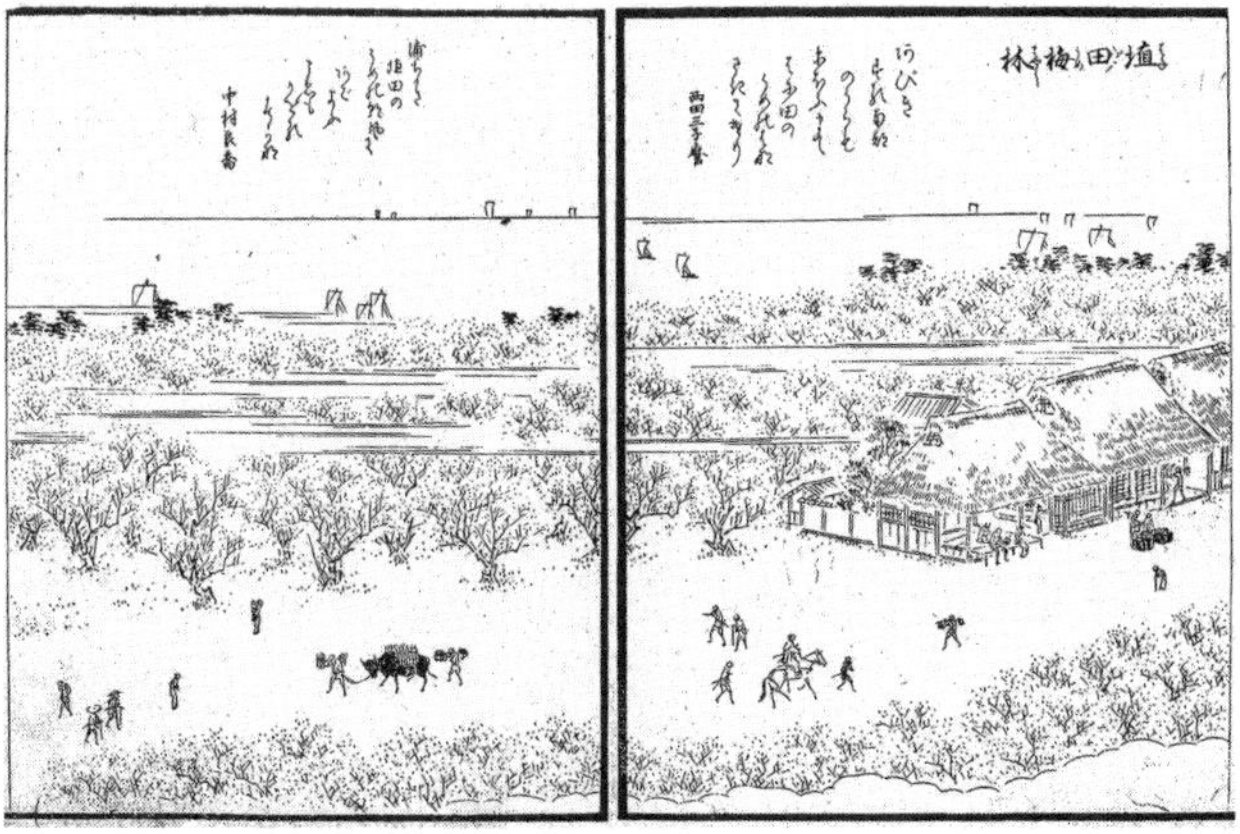

紀州南部の埴田《はねた》村に広がる梅林（『紀伊国名所図会』文化8年）

っぷりと含んだ甘い果実ではなく、大きさはピンポン玉くらいの大きさである。いまでは花桃とよばれ、もっぱら花を観賞するために栽培されている種類のもので、果実はたくさん生るが現在ではほとんど食用の対象とされない。私は花桃の実を食べたことがあり、美味とはいえないが野生の果実の味覚を味わうことができた。

西日本のように気候の温暖な地域では、気象の変化による年々の稲の収穫量はほとんど影響がない。水田稲作には厳しい気象条件の東北地方では、数年ごとに寒い夏が来襲し、凶作となった。

花桃の実

辻精一郎氏が長野県更埴市等の屋代遺跡群・更埴条理遺跡での発掘調査の総括の中で、「水辺の祭祀場をはじめ河川流路内などから、おびただしい種類と量の畑作物及び桃や胡桃といった果実の遺体が出土している。とくに桃と胡桃の出土量は大量であるが、平安時代の水害の頻発した時期では、その量がそれまでの五倍以上に増大していることは注目に値する。稲が不作のときはこれらの果樹や畑作物に相当な依存をしていたのではないかと思われる」と述べている。

江戸時代後期の民俗学者の菅江真澄は、『菅江真澄遊覧記』のなかで、天明五年（一七八五）から文化七年（一八一〇）にかけて遊覧した現在の秋田県下の山本郡、能代市、大館市、男鹿市、雄勝郡、それに青森県の青森市や下北半島の山村部の村々に「桃、梨、李が枝を交えて、村のどこの庭にも咲いているのがおもしく」と、ほとんどの村人の庭に桃が栽培されていたことを記している。山深い山村にあって、集落で目に着くほどの本数の桃の木を植えていることは、単に花を観賞するためのものではないことは、言わずもがなである。

土師岳氏は青森県下北半島の大畑町小目名地区で、昭和三十年（一九五五）という近年になってからでも、在来桃とされる「じんべえもも」は飢饉に備えて絶やすなと、先祖から言い伝えられてきたと、『果樹研究所ニュース』で紹介している。

このように水田稲作文化は、稲という一種類の作物に頼ることなく、万一の事態に備えた補完作物も伴っていたのである。

杉・檜の用材としての役目

杉はまっ直ぐに高くまで成長し、その幹も太くなる。言い換えれば、巨木に成長できる樹種である。住居を建築する場合の資材としては、うってつけの樹木である。太くて長い材を容易に得ることができ、幹に曲がりが少ないので、住居の縦材でも横材でも、どちらにも使用できた。

それとともに杉材は縦にまっ直ぐに、容易に割ることができるという、他の樹木にない特徴をもっていた。住居建築には、資材を縦と横に組み合わせての小屋組みは、他の曲がりのある樹木でも可能だが、雨除けの屋根と横からの風除け、目隠し用の壁材は、どうしてもほかに材料を求める必要があった。その点杉は長く幅広い板を作ることができたので、屋根材としても、横の壁材としても使用可能であった。また、生木であれば容易に樹皮をはぎ取ることができる。幅の広い樹皮は、屋根材としても壁材しても使用可能であった。

杉の板材としての活用はすでに弥生時代から始まっている。弥生時代の代表的な遺跡とされている静岡市の登呂遺跡からは、弥生式文化期の水田跡が発掘されている。およそ六万八二一〇平方メートル(二万八〇〇〇坪)の範囲から、三三枚の田が見つかった。これらの田のあぜ路は大小、長短の杭あるいは杉の矢板を並列させてつくられていた。

登呂遺跡から出土した樹種は、針葉樹一〇種、広葉樹三〇種とされている。使われている樹種のうちでは、杉材が圧倒的に多く、鑑定件数の八〇パーセントを占め、使われたものは木器と加工跡のある建築材料や構築材料であった。

飛鳥時代の皇極天皇は、都の建物を従来の草葺でなく、板で屋根を葺かれたので、とくに飛鳥板葺宮《あすかいたぶきのみや》と名付けられている。この宮の屋根を葺いた材料は不詳であるが、私は杉の割材であったと考えている。

杉の材質は少し軟らかく、大型建造物などでは、力のかかる部位への貢献度は低い。杉の建築資材としての本領は板で、壁や扉、野地板などに用いられた。

杉板を使った世界的な発明品がある。室町時代に杉板を円く組み合わせて筒をつくり、それに竹のタガをはめ底を入れた桶と樽である。この桶と樽は、その後の日本産業に大きな影響を及ぼした。桶と樽の区別は、器の大小でなく、側板に柾目板を使った器が桶、板目板を使った器が樽という、使用材料の構造的な違いがある。

肥桶《こえおけ》はし尿の汲み取りに用いられた。京・大坂・江戸という大都会の人々が排出するし尿をくみ取って郊外に運び、農家の人たちは作物の肥料とした。農家の人は肥料をくみ取らせてもらうお礼として、季節の野菜物を都市のし尿提供者に配った。こうして肥料と農作物、都市と近郊農村の経済の循環がはじまった。

杉板で作られた肥桶は軽量で手軽に持ち運べたので、どんなに狭い露路の奥までも入り込んで、し尿を運び出すことができた。それだから江戸時代の京・大坂・江戸という三都では、し尿が滞ることなく、当時の世界中の都市のなかで最も清潔な都市であった。

肥桶を担いだ江戸時代の下肥買い（『滑稽膝栗毛』）

樽の方は、一石（一八〇リットル）入り、五石入りという大型のものが作られるようになり、従来は瓶《かめ》で行なわれていた醸造業の味噌・醤油・酒造りの大量生産が可能になり、大きく発展する基礎となったのである。

檜は一名「日の木」と呼ばれるように、他に比べ物のないくらい優れた建築用材であった。そのため宮殿、寺院、神社の建造用材とされた。平城京跡の発掘調査から得られた木材の試料は一五〇点であったが、そのうちの六一パーセントの九一点が檜材であった。

檜材は耐久性に富んでおり、奈良の法隆寺の五重塔は建立後約一三〇〇年を経た今日でも、なお健在であり、世界最古の現存木造建造物である。

式年遷宮の御用材（伊勢神宮）

皇室ゆかりの伊勢神宮は、二〇年ごとに式年遷宮といって、全ての社殿を新調する。最高のヒノキ材が求められ、それも選りすぐりのものを必要とする。式年遷宮用材を伐り出す山林のことを御杣山《みそまやま》という。式年遷宮が開始された当初は、宮域林内で求めることができたが、すぐに伐りつくし、志摩半島の檜山に手を伸ばす。そこも伐りつくし、宮川流域の檜林を下流から伐り登って、江戸時代の元禄期には最上流部の奈良県境の大台ケ原の直下から運び出すことになった。その後は遠く、長野県の木曾山が御杣山となり、現在に至っている。

長野県木曾地方とそれに接続した岐阜県裏木曾地方は、優れた檜材を産出した。この地域の檜材は、領有している尾張藩の名を冠し、尾張材または尾州檜と称された。江戸で高く評価され、尾張藩にとっては貴重な財源となっていた。

赤松・栗・欅材の利用

里山の発達とともに生育地を大発展させてきたアカマツは、また極めて利用価値の高い樹木であった。建築材としても粘り強く、縦材にも横材にも用いることができ、住居建築のほとんどの部材に用いることができた。アカマツ地帯の島根県出雲地方では、一級建築として評価されるのは、各地でもてはやされる総檜造りではなく、総松造りの住宅である。松材の欠点としては、樹幹のなかに脂壺《やにつぼ》があり、人の触れるような表面に使用しておくと脂《やに》が吹き出してくるという欠点があった。

アカマツ材は、土木材としての価値が高く、とくに水湿のある土中にあっては長年月腐朽することがないので杭材として利用された。河口部の沖積平野のような軟弱地盤の上に建物を建築する場合は、アカマツの長材を打ち込んだ。また金山、銀山、炭鉱などの、常に水がしたたり落ちる坑道を落盤から守る坑木も、松材でなければ長年の使用に耐えられなかった。

アカマツ材が土中に長年埋められていた事例に、皇居の石垣の基礎を支えてきたアカマツの角材がある。昭和四十八年（一九七三）二月に発掘調査であきらかになったのは、およそ三六〇年間数十万トンの重さを支えていたのは、十分に練り固められた粘土と、縦四五センチ、横三五センチ、長さ三・五メートルのアカマツの角材であった。また江戸時代の承応年間に埋設された玉川上水道の松の木製の樋が、腐朽することなく発掘されている。

落葉広葉樹の栗も優れた建築材であり、土木材であった。現在では、自然林のなかに育つ栗の木をみる機会がほとんどないので、栗の実の採取を目的とした栗園の栗の木をみて、木材となるような栗の木が育つのかと疑問をもつ向きもあるが、自然林の中では大木の栗の木が育っていたのである。

私は昭和三十五年（一九六〇）ごろだったと記憶しているが、山口県の佐波川の最上流部にある滑山国有林で、自然林の中で栗の大木をみたことがある。約一五〇年生のアカマツと栗、楢、犬山毛欅《いぬぶな》、カシ類の広葉樹とが混交した自然林であった。栗は直径五〇から六〇センチ、樹高はおよそ二〇メートルで、枝下高およそ一〇メートルという大木で、節無しの長材が採れそうであった。

栗の木は水湿に耐えるので、住宅建築では台所や風呂場材、土台として用いられる。鉄道の枕木は現在ではコンクリート製であるが、かつては栗材でなければならなかった。そのため鉄道が延伸するごとに、周辺の森林から栗が伐採され、自然林の栗林が枯渇してしまった。

欅は古名を槻《つき》という。記紀万葉での表現はすべて槻となっている。ケヤキとの呼び方はいつごろから始まったのか、定かでない。江戸時代には、槻と記してケヤキと読ませた。

それだから、近世や明治期の人たちだけでなく、ややもすれば現代の人たちであっても、槻がケヤキの古名であったことを忘れ、ツキとケヤキの違いを本気で議論する人が出たりした。実は私もその一人で、ツキとケヤキの違いを見つけ出そうと、葉っぱの大きさ、枝の分枝のしかたなど比べてみたが、相違点を見つけ出すことはできなかった。

欅の材質は堅硬であり、そのうえ緻密で、色沢が美しいので、建築物の力のかかる部分の材料として用いられた。色沢の美しさと見栄えがするので、人目のつきやすい化粧材として用いられた。それは社寺などの大型建築物に限られていた。なかでも財力を誇示するため千葉県成田市の成田山新勝寺の安政五年（一八五八）に作られた本堂のように総欅造りの建物も作られた。しかし、近世以前にあっては、庶民が欅材を用いて住居を建築することは、ほとんどなかった。

近世の里山は、現在の人たちが見るように樹木が繁茂した森林ではなかった。ほとんどが草山かはげ山で、樹林地もあまり大きくない樹木がまばらに生えている状態であった。

近世では、日本中を幕府のほか藩が分割独立して領有していた。藩も個人同様に大量の木材を必要としていたので、藩がもっぱら利用する御山、御建山、官山等と、民間に利用をさせる山と、画然と区別していた。

それのみか、民間の利用にまかせているはずの山林についても、材木として有用な樹種は藩の専用とすることを決めていたのである。御制木、御用木、御留木などと称されていたものがそれで、杉、檜、松、欅、樫、楠、栗等が、数種から十数種指定され、農民たちが勝手に伐採することは禁止されていた。この措置は、山口、広島、岡山、和歌山、尾張、仙台、盛岡藩などの大藩から、小藩にまで及んでいた。

近世の農民たちは、住居の建築には御制木等以外の樹種を用いなければならなかった。また藩の御制木等は、農民に伐採を許可したものであっても、藩内での利用は認めるが藩外へ移出することは厳禁とされていた。

この呪縛が解かれたのは、明治維新で藩が崩壊し、誰も森林伐採を規制するものがいなくなった結果である。規制のタガがはずれると、庶民に一挙に反動があらわれ、杉、檜、欅等の良材建築が全国的に行なわれるようになった。

生活に浸透した樹木

年末になると、新年にわが家を訪れる歳神さまを迎い入れるための、門松を立てる。現在は豪華な門松が、門前に立てられているところもあるが、門松の始まった時代には、現在も京都市の町内でみられるような、小松を根引きしてきたものを、門の柱に縛り付けたもののようである。

門松の風習は今から約八四〇年前から行なわれてきたことが、平安時代末期に後白河法皇が撰ばれた『梁塵秘抄』の次の歌からわかる。

新年春くれば
門《かど》に松こそたてりけり
松は祝ひのものなれば
君が命ぞながからん

松の葉っぱは一年中青々としているので、生々発展を意味しているとされ、それが目出度さとつながり、上代から松はもっとも尊崇される神木であった。さらに松は魔を払い、幸福を招く樹木といわれてきた。

門松のはじまりは、身分の低いものからであり、禁裏や公家にはこの風習はない。現在でも、皇居では門松は立てないしきたりである。

やがて室町時代に竹が加わって松竹となり、この二種の組み合わせを目出度いと考えられるようになった。江戸時代にこれに、厳冬にふくいくとした香りを漂わせる梅が加わり、松竹梅となった。この三種の組み合わせが目出度いもの、縁起物として認識されるようになり、以後は婚礼などの目出度い席上を飾るようになった。

昭和三十年代（一九五五）の燃料革命で、家庭燃料がガス化する以前の家庭内での調理はすべて竈《かまど》で行なわれた。台所には竈を守る荒神が坐《いま》すと考えられており、その荒神の依代として荒神松がたてられていた。現在での台所の燃料は、ガスあるいは電気なので、荒神に火を司っていただくこともなくなり、荒神松を台所に立てて祈る風習はなくなった。しかし、全面的になくなったのではないようで、ごく最近私の住む大阪府枚方市のスーパーマーケットの花売り場で、荒神松の名札をつけたものを見かけた。

立林何帛『松竹梅図屏風』（江戸時代、東京国立博物館）

長く寒い冬が終わりをつげ春が到来すると、植物の種類の多いわが国では、多彩の花が咲き乱れ、その美しさを競い合う。わが国の縄文・弥生時代の人たちも花は美しいと思ったであろうが、その感覚を後世の人たちに残す手段をもたなかった。美しい花と、そこから漂ってくるいい香りは日々の仕事に疲れた人々の生活をいやし、潤いをもたせてくれるものであった。

記紀万葉の少し前あたりから、木々の花を美しいとして愛でる風が生まれた。最初は上流階級の人たちがこれを享受したので、彼らの生活のなかに木々の花は浸透し、生活に潤いを持たせてくれるものとなった。

『日本書紀』は、椿の花を「つらつら椿」と詠い、早春に咲く珍しい花であると同時に、同時の高貴な色とされる赤色を愛でている。椿の花は、平安・鎌倉期という長い年月、文献には現れてこない。江戸期の二代将軍秀忠が無類の椿好きであったため、椿のブームがおこり、この時期に数多くの品種が生まれた。明治期には興味が失われていたが、戦後になって欧米の椿との交流があって、現在の隆盛をみている。

梅の花は厳冬に清浄な白色の凛とした花を開く。あたり一面に漂わす馥郁とした香りが、鑑賞の対象とされた。平安期には、梅の名木を保有することが、地位のステータスとされた。

桜も万葉期から愛でられるようになった。当初は咲く花に美しさを感じていたが、平安初期の『古今和歌集』は、花の散る様子に美を見出した。その歌がたくさん収められ、以後はこの傾向が続いている。

江戸期までの花見は、多くて数本程度の集まりを愛でていた。八代将軍吉宗が、飛鳥山に多数の桜樹を植え、家臣たちに花見を賜ったことから、集団花見が生まれた。そして江戸時代後期に染井吉野という品種がうまれ、全国的に広まって、桜といえば染井吉野の一斉開花の美しさを競うようなり、その下で花見をする風が定着した。

おわりに

樹木と人と生活との関わりを代表的な樹種で述べてきたが、わが国にはこれ以外にも多数の樹種を活用しながら生活に役立てている。日本人ほど、それぞれの樹木の特性を生かして活用している例は世界的にみても珍しい。今後は徐々にではあるが、それぞれの樹木がどう生活にいかされているか、明らかにされていくであろう。

あとがき

本書のタイトルは『花と樹木と日本人』であるが、花については重点的に述べられていない。実は本書の組み立てのもとになっているものは、筆者が植物の文化史、特に樹木の文化史をまとめはじめてから、あちこちの雑誌などに寄稿したものが中心となっている。

はじめての雑誌への投稿は、第四章に収めた「魏志倭人伝と松」の関係である。『松と日本人』を執筆しているとき、文献を当たっていると魏志倭人伝に松が記されていないので、縄文時代の日本には松は存在していなかったという旨の記述に出会った。松が日本各地に生育地を拡大していったのは確かに弥生時代であるが、生育地拡大にはその元となる種木が縄文時代には存在していたはずである。松の仲間は、約一億五〇〇〇万年前に陸続きであった現在のベーリング海で生まれた周北極植物であり、発祥地に近い日本に松が生育していないはずはない。

魏志倭人伝には、一体どんな植物が記載されているのか、そのことを解明することをまず始めたのである。魏志倭人伝が記された時代の中国の辞書を用いて解読した結果、従来とはまったく異なった読み方、つまり従来はわが国の暖温帯の樹木が主体とされていたが、解読できた植物は中国の人たちがよく知っている梅、李、桃、楠、楓《ふう》等の樹木で、薬用となるものばかりであった。解読した成果の一つに、これまでは渡来時期は『万葉集』が編集される直前だとされていた梅、桃が記されていた。これにより、水田稲作発祥地の中国長江の中下流域を、原産地としている梅・桃が、水田稲作文化セットの一つとして伴われてきた文献的資料になると私は考えた。

弥生時代に梅が近畿で栽培されていた物的証拠は、小片であるが梅の自然木が大阪府八尾市亀井町の弥生時代中期の亀井遺跡から出土している。これで物的にも、資料的にも、梅は弥生時代には栽培されていたことが裏付けられると、筆者は主張することができるのである。

日本特産でわが国の代表的な建築用材となるスギ科スギ属のスギという樹木の語源についても、筆者は新しい考え方での語源説を提唱した。従来の語源説は、杉の木の樹幹が真っ直であることに注目し、すくすく生える木の義、すぐ（直）な木の義、幹がまっ直ぐなことによる等、八つの説があり、現在の定説は真っ直ぐな木からきているとされている。

常緑針葉樹で幹が真っ直な樹木はほかに、ヒノキ、モミ、ツガ、コウヤマキ、ヒバ等があり、それらの樹木と区別しようとすれば、現実にはこの木のことだと指さしていう必要がある。筆者は樹木の形態からの語源発生ではなく、例えばヒノキは最良の宮殿建築用材となるので、他の樹木と比べられるもののない「日の木」からきているように、スギの語源も利用上の区別からものではないかと考えた。

スギ丸太は木口《こぐち》を斧で一撃すると、簡単に割れるという特徴を持っている。割れたものはさらに薄くしていくことができる。幅のある薄いものはソキと呼ばれていた。杉は他の樹種の丸太では作り出すことができないソキを作ることができる木なので、当初はソキノ木と呼ばれていたが、いつしか短縮されさらにソがサ行のスに変わって、スギと呼ばれるようになった、と考えたのである。

この説は林業関係の雑誌に投稿し、掲載されたが、元京都大学林学科の赤井龍男助教授からは筆者の説を「支持する」といってもらえた。現在どれだけの人が支持してくれているのかは不明だが、語源を検討する際には、ソキ説が俎上にあがることは確かであろうと考えている。

ツバキを春の木として木偏に春をそわせた「椿」の字は、中国から借りてきた字であり、その字は中国の道教の書物である『荘子』に記された八〇〇〇年の齢をもつ「大椿」という名称のものからである。大椿とはなにかについて昔から論議があり、わが国の椿にあてる字なので樹木とする説が多かった。

筆者は『荘子』のなかで大椿は、伝説の長命者の彭祖《ほうそ》とその寿命の長さを比べられているので、人名だとみた。それも道教の修行を達成し、最高の段階に達した仙人だとみた。仙人とは肉体をもったまま仙人になるので、寿命がきたら死ぬ。しかし、大椿は道教の行によって、寿命を八〇〇〇年まで延ばすことができた。

東洋の思想では、生きた人間が修行することによって、人間を超越したものになれるというのである。仏教では修行によって、輪廻転生の輪から抜け出し、仏陀に到達できるとしている。仏教経典では、仏陀釈尊をはじめアーナンダ、マハーカッサバ等大勢の人が仏陀になったことを記している。道教では仙人になれるという思想があり、『荘子』は仙人となって長命を達した人物として大椿と、五〇〇〇年の寿命を得た冥霊をあげている。

西洋やアラブ世界の一神教では、すべて神の心のままに委ねられ、修行によって人間を超越した者になるという思想は全くない。

日本のツバキは漢字表記を、中国の人名から借りて表記するようにされたが、借りたものなので借りた先のものが何を表しているのかと全く関わりはない。これにより、日本の四季を表す代表的な植物名が、木偏と草冠に春夏秋冬を沿わせた漢字で、椿・榎・萩・柊として表記できるようになったのである。

本書のなかで筆者の主張が大きく前面にでているものは、以上の三つである。そのほかは依頼されたものが中心となっているので、全体的にバランスがとれていないおそれは多分にあると思うが、そんな経緯なのでご了承をお願いする。

本書が世に出ることとなったのは、ひとえに八坂書房の八坂立人社長のご理解があったもので、有り難く感謝申し上げます。また編集にあたっては同社の三宅郁子氏にご苦労をおかけしたので、あわせてお礼もうしあげます。

有岡利幸

平成二十八年八月一日

参考文献（各章で重複するものは初回のみ掲げた）

第一章

有岡利幸『梅Ⅰ・Ⅱ』法政大学出版局　一九九九年
佐々木信綱編『新訂 新訓万葉集 上巻・下巻』岩波文庫　一九九一年　第七三刷
佐伯梅友校注『古今和歌集』岩波文庫　一九八一年
阿部秋生・秋山 虔・今井源衛校注・訳『源氏物語 一～六』（日本古典文学全集）小学館　一九七〇年
池田亀鑑校訂『枕草子』岩波文庫　一九八六年
北村四郎「梅」『園芸植物大事典 二』小学館　一九八八年
京都園芸倶楽部編輯『花壇地錦抄・増補地錦抄』八坂書房　一九八三年
上原敬二『樹木大図説』有明書房　一九六一年

第二章

宇治谷孟全現代語訳『日本書紀 上』講談社学術文庫　一九八八年
倉野憲司校注『古事記』岩波文庫　一九六三年

山田孝雄『櫻史』講談社学術文庫　一九九〇年
黒坂勝美・国史大系編修会編『古今著聞集』吉川弘文館　一九六四年
佐々木信綱校訂『新古今和歌集』岩波文庫　一九八七年　第五八刷
久保田淳校注『千載和歌集』岩波文庫　一九八六年
佐藤謙三校注『平家物語 上巻』角川文庫　一九五九年
西尾 実・奈良岡康作校注『新訂 徒然草』岩波文庫　一九二八年
市島謙吉編『夫木和歌抄』国書刊行会　一九〇六年
斎藤正二『日本人とサクラ 新しい自然美を求めて』講談社　一九八〇年
太田藤四郎編纂『看聞御記』続群書類従完成会　一九三〇年
東京市役所編『東京市史稿 遊園篇第一・第二』臨川書店　一九七三年
有岡利幸『桜Ⅰ・Ⅱ』法政大学出版局　二〇〇七年

第三章

有岡利幸『杉Ⅰ・Ⅱ』法政大学出版局　二〇一〇年
武田祐吉・佐藤謙三訳『訓読 日本三代実録』臨川書店　一九八六年　復刻版
農林省編『日本林制史資料 豊臣時代以前編』朝陽会　一九三四年

吉野　裕訳『風土記』東洋文庫　一九六九年

第四章

石原道博『新訂　魏志倭人伝　他三編』岩波文庫　一九八七年
苅住　昴「魏志倭人伝の植物考」雑誌『林業技術　第三三五号』林業技術協会　一九七〇年
牧野富太郎『牧野新植物図鑑』北隆館　一九六一年
有岡利幸『松と日本人』人文書院　一九九三年

第五章

有岡利幸『柳』法政大学出版局　二〇一三年

第六章

塚本洋太郎監修・渡辺武・安藤芳顕『花と木の文化　椿』家の光協会　一九八〇年
金谷　治訳注『荘子　第一冊（内編）』岩波文庫　一九七一年
下中邦彦編『和歌山県の地名』平凡社　一九八三年
大神神社社史編修委員会編『大神神社社史』大神神社社務所　一九七二年

第七章
竹岡正夫『伊勢物語 全評釈』右文書院 一九八七年

第八章
竹内淳子『草木布 Ⅱ』法政大学出版局 一九九五年
有岡利幸『資料 日本植物文化誌』八坂書房 二〇〇五年
林 弥栄『有用樹木図説（林木編）』誠文堂新光社 一九六九年

第九章
辻誠一郎『植生研究 第二巻第一号』植生史研究所 一九九四年
宮本長二郎「巨大柱遺構の正体―山内丸山遺跡の高床建築」
（梅原 猛・安田喜憲編『縄文文明の発見―驚異の三内丸山遺跡』ＰＨＰ研究所 一九九五年）
有岡利幸『松茸』法政大学出版局 一九九七年

初出一覧

第一章　東風吹かば　1・江戸の梅見と園芸〈『緑と水のひろば』四二号　東京都公園協会　二〇〇五年「梅を愛した日本人」改題・加筆〉　2・京の都に香る梅花〈月刊『ひととき』ウェッジ　二〇〇二年一月号「京の梅見　日本人に愛される香」改題・加筆〉

第二章　絶えて桜のなかりせば　1・日本人が愛する桜花小史〈新稿〉　2・太閤秀吉の吉野山桜見物〈月刊『ひととき』ウェッジ　二〇〇八年三月号「太閤秀吉の吉野山桜見物」一部加筆〉

第三章　杉板と日本文化　1・日本文化は杉の文化〈『小原流　挿花』No.七三四　小原流　二〇一二年一月号「杉の生活文化史」改題・一部加筆〉　2・古代の日本文化と杉〈『林退連会報』第六三号　全国林野関係退職者団体連合会　二〇〇九年「古代の日本文化と杉」一部加筆〉　3・スギの漢字表記と新語源説〈『森林技術』No.八一〇　森林技術協会　二〇〇九年〉

第四章　松はむかしの友　1・『魏志倭人伝』の松〈『本』講談社　一九九一年九月号「魏志倭人伝の植物考」改題・加筆〉　2・松が育んだ日本人の気質〈『is』七三号　ポーラ文化研究所　一九九一年「松の心性史」改題・加筆〉　3・日本人と松の交流〈『グリーン・エージ』日本緑化センター　二〇〇五年三月号「松と日本文化」改題・加筆〉

第五章　柳青める　1・柳青める〔『小原流 挿花』№七二五　小原流　二〇一一年四月「柳と日本文化」改題・加筆〕　2・シダレヤナギはいつ渡来したか〔新稿〕

第六章　椿花咲く　1・「椿」の字と意味〔『図書』第七六五号　岩波書店　二〇一二年十一月〕　2・三輪山の山頂に咲く椿〔新稿〕

第七章　楓と紅葉〔新稿〕

第八章　藤布を織る〔新稿〕

第九章　樹木と人の生活小史〔新稿〕

〔写真提供〕

鎌倉市観光協会　26頁上、235頁下

びわこビジターズビューロー　214頁上左・右

奈良市観光協会　211頁、214頁下

著者略歴
有岡　利幸（ありおか・としゆき）

1937年、岡山県生まれ。1956～93年まで、大阪営林局にて、国有林における森林の育成・経営計画業務などに従事。1973～2003年3月まで近畿大学総務部に勤務。2003年4月～2009年まで（財）水利科学研究所客員研究員。1993年第38回林業技術賞受賞。

【著書】
『森と人間の生活──箕面山野の歴史』1992（清文社）
『松と日本人』1993
（人文書院、第47回毎日出版文化賞受賞）
『松茸』1997、『梅Ⅰ・Ⅱ』1999、『梅干』2001、
『里山Ⅰ・Ⅱ』2004、『桜Ⅰ・Ⅱ』2007、
『秋の七草』『春の七草』2008、『杉Ⅰ・Ⅱ』2010、
『檜』2011、『桃』2012、『柳』2013、『椿』2014、『欅』2016
（以上、ものと人間の文化史 法政大学出版局）
『資料 日本植物文化誌』2005（八坂書房）
『つばき油の文化史』2014（雄山閣）
など多数。

花と樹木と日本人

2016年 9月26日　初版第1刷発行

著　者　有岡利幸
発行者　八坂立人
印刷・製本　シナノ書籍印刷（株）

発行所　（株）八坂書房
〒101-0064　東京都千代田区猿楽町1-4-11
TEL.03-3293-7975　FAX.03-3293-7977
URL.: http://www.yasakashobo.co.jp

ISBN 978-4-89694-226-2